E・ル＝ロワ＝ラデュリ　稲垣文雄訳

気候と人間の歴史・入門

【中世から現代まで】

藤原書店

Emmanuel LE ROY LADURIE et Anouchka VASAK
Abrégé D'HISTOIRE DU CLIMAT

①シャモニー付近からみたメール・ドゥ・グラース（1840 年頃）

②ピーテル・ブリューゲル（父）「夏」（1568 年）

③ 1910年セーヌ川の大洪水

④タンボラ山(インドネシア)のカルデラ。1815年4月5日に噴火した。

本書は、エマニュエル・ル＝ロワ＝ラデュリとアヌーチカ・ヴァサックとの間で交わされた一連の対話の内容を提示するものである。エマニュエル・ル＝ロワ＝ラデュリは、コレージュ・ドゥ・フランス教授であり、二〇あまりの歴史書の著者である。それら著書の多く（『西暦一千年以降の気候の歴史』、パリ、フラマリオン社、一九六七年、一九八三年、二〇〇四年〔邦訳『気候の歴史』、稲垣文雄訳、藤原書店、二〇〇〇年〕と『人間にとっての気候の歴史』、第二巻まで刊行、パリ、ファイヤール社、二〇〇四年、二〇〇六年〔最終巻の第三巻は二〇〇九年刊行。以上邦訳は藤原書店より近刊〕）は気候の歴史に捧げられている。

アヌーチカ・ヴァサックは、ポワティエ大学のフランス文学准教授である。彼女は、二〇〇〇年一〇月にパリ第七大学において審査された学位論文で、近日シャンピオン社から刊行される『気象学――天と気候論、光明の時代からロマンティスムまで』の著者である。この女性歴史学者はまた、デジョンケール社から刊行された（二〇〇七年）、J・ベアハトルト、E・ル＝ロワ＝ラデュリ、J－P・セルメン編集の共著『気候事象とその表現（一七世紀から一九世紀）』にも参加している。この本は、二〇〇六年一月にソルボンヌ大学およびスィンガー＝ポリニャック財団で開催されたシンポジウムにおける研究論文と口頭発表を再録したものである。

アヌーチカ・ヴァサックとエマニュエル・ル＝ロワ＝ラデュリが意見を交わした結果、両者の共同責任のもとに本書でアヌーチカ・ヴァサックが提示している一連の問いが浮かび上がった。

エマニュエル・ル＝ロワ＝ラデュリはそれらの問いに反応し、彼の答えは対話相手と彼自身によって形を成した。以下の文章は、エマニュエル・ル＝ロワ＝ラデュリの著書『人間にとっての気候の歴史』のうちの既刊二巻から大いに想を得てはいる。だがさらに、今回の出版に際してエマニュエル・ル＝ロワ＝ラデュリとアヌーチカ・ヴァサックによる再検討を経ている。*

＊この一文は、原書の冒頭に配された原出版社の付記である。（訳者）

謝辞

特にお世話になったニコル・グレゴワール、ならびにジャン＝クレマン・マルタンとエマニュエル・ガルニエの両教授、ドゥニ・マラヴァル、ダニエル・ルソー、パスカル・イオー、ヴァレリー・ドー、ギヨーム・セシェ、そしてもちろんマドレーヌ・ル＝ロワ＝ラデュリ、その他の方々に厚く感謝する。

天と大地、神々と人間

プラトンの『ゴルギアス』中で、私たちのまわりに確立されるべき調和ある均衡が取り上げられています。「天、大地、神々そして人間は、ともにひとつの共同社会を形作っている。互いに、友情、愛、節制の尊重、公正感覚によって結びつけられているのだ。賢者たちは、この共同体をコスモス、すなわちこの世の秩序と呼び、無秩序とか逸脱とは呼ばない[1]」

現代では、こうした均衡は断ち切られてしまいました。神々は、しばらく前に、さっさと逃げてしまったようです。神々のご託宣は、二〇年ほど前から、気候変動に関する政府間パネル（ＩＰＣＣ）の悲観的な予想がどうにかこうにか肩代わりしています。人間は、多くの者がこの下界で、ある種の均衡を維持することについての先見の明の欠如と無知の点で際立っています。天は、工業生産とその類の諸活動のプロセスが所かまわずまき散らす温室効果ガスによって、掻き乱され、暖められ、ごちゃごちゃにされています。大地は、農民たちによって幾分搾取されすぎています。プラトンの神々・大地・天・人間の四重奏はこうして、やや変調をきたしているようにみえます。このような状況において、未来を憂える専門家としての歴史学者の使命は、歴史の寄与を求める者である科学者に力を貸すことではないでしょうか。科学者は、近い、あるいは遠い気候学的過去の世界を調査する必要があるがゆえに、われわれの職業を必要としているのです。われわれには、こうした差し迫った学際的な要請に応える義務がありす。そして、本書で氷河がかなり問題となっていたことからして、今後気候の領域では、さらに一層、寒冷相を気にかけなければならないでしょう。

アヌーチカ・ヴァサック

エマニュエル・ル＝ロワ＝ラデュリ

（1）Platon, *Gorgias*, 507 d, フランス語訳 Monique Canto, Garnier-Flammarion, 1987, p.272, Jean-François Mattei 教授による注釈付。

凡例

一　口絵は原書にはなく、翻訳書において参考のために付加した。
一　原注は、順に（1）等の番号を付して、各章末に配置した。
一　訳注と訳者による補足は〔　〕で示し、本文中の当該箇所に挿入した。
一　書名ならびに雑誌名は『　』で、論文名は「　」で示した。
一　原文で大文字で強調された語および《　》の部分には、「　」を付すか、傍点を付した。
一　原文でイタリック体で強調されている部分には傍点を付した。

気候と人間の歴史・入門／目次

スイスを中心としたアルプス氷河

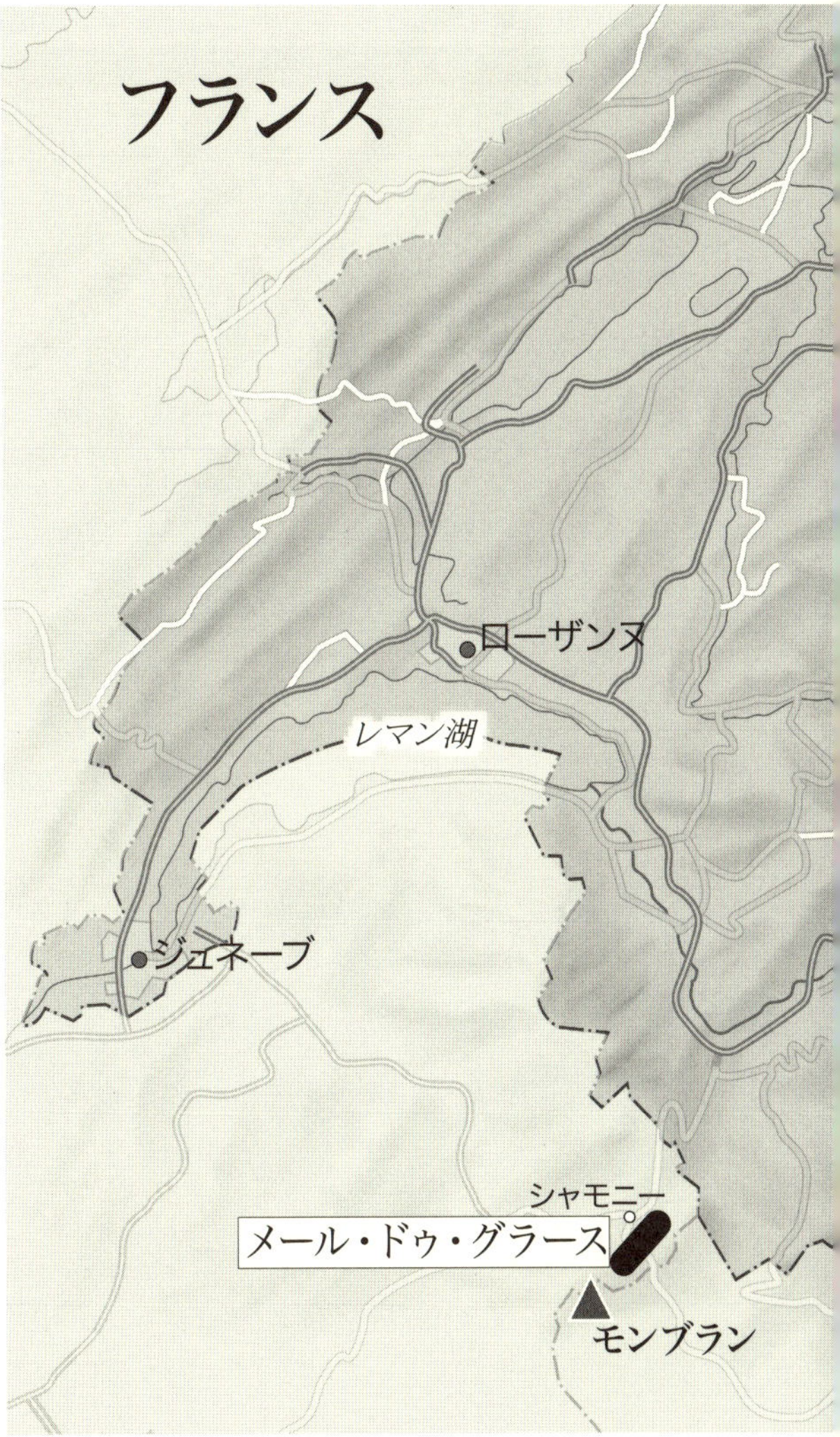
フランス
ローザンヌ
レマン湖
ジュネーブ
シャモニー
メール・ドゥ・グラース
モンブラン

ヨーロッパにおける気候変化と歴史上の出来事

西暦		気候変化	歴史上の出来事
900	中世小気候最良期		スカンジナビア人，グリーンランドへ植民開始
1000			
1100			大開墾時代（11 世紀 -13 世紀）
1200			
1300	小氷期	大寒冷期	大飢饉
			スカンジナビア人，グリーンランド植民地放棄
1400			イングランドでワイン生産放棄
1500			
1600		超小氷期	魔女狩り盛ん
			ルイ 14 世統治時代（1643-1715）
		マウンダー極小期（1645-1715）	ロンドン大火（1666）
1700			
			食糧暴動頻発
		ラキガール山噴火（1783, アイスランド）	フランス革命（1789）
1800			ナポレオン帝政（1804-1814）
		タンボラ山噴火（1815, インドネシア）	夏のない年（1816）
		超小氷期	
1900	再温暖化		第一次世界大戦（1914-1918）
			第二次世界大戦（1939-1945）
2000			イングランドでワイン生産再開

（訳者作成）

気候と人間の歴史・入門

——中世から現代まで

「（二〇〇七年の）六月はどっぷり雨の中であった。激しいにわか雨に襲われない日は一日とてなく、雲が次から次へと連なり、巨大な黒い格天井《ごう》となって、まるでふくれた革袋のように、街の上空にたくさん漂っているかのようだった。それから、雲の裂け目からこの世のものとも思えないような光が射して、アイルランド風の劇のようだった。……」

ミッシェル・クレピュ「文学日記」
（『両世界評論』二〇〇七年九月、九頁）

1 気候の歴史はどのようにして生まれたのですか?

気候の歴史は、温室効果や地球の再温暖化といった現代の関心事に結びついています。しかしそれはまず、その定義からして、過去、より正確には一二世紀・一三世紀から現代までの期間に、さらには今後(そしてはるか過去)にも関わっているのです。私はこの過去の期間を、最初に『西暦一千年以降の気候の歴史』(一九六七年)で、そして最近『人間にとっての気候の歴史』において描き出そうとしました。こうした企ては、地球全体の気候を対象にすべきではありましたが、私は、西ヨーロッパと中央ヨーロッパの温暖な環境世界に特に関心を抱きました。フランス北部、イギリス南部および中央部(ただし、どちらも「沿海部でない」パリ盆地とロンドン盆地)、ベネルクス三国、ドイツ、スカンジナビア地方、フィンランド、しかし言語的理由で私には文献的に不案内なロシアは除きます。船舶の船長たちの記録に依って、研究を沿海地方や大洋にまで広げることは可能だったでしょうが、英仏海峡の北と南、ヨーロッパの大西洋岸、北海、そして地中海のごく一部を除いては、それはできませんでした。

ラングドック＝ルシヨン歴史連盟での私の研究発表によってこれらの研究が具体的な形となって表れたのは、一九五五年、もう半世紀前のことでした。友人や同僚の幾人かは皮肉をもって迎えました。彼らは、気候の歴史を「えせ科学」だと決めつけました。

私は当時、マルクス主義と一種の科学主義の影響を受けていました。マルクス主義歴史学者は一般に――ギー・ボワとギー・マルシャン他数人を例外として――、気候の過去を問題にしていませんでした。彼らは、彼ら固有の語彙では「下部構造」と呼んでいた、社会的関係と物質生産しか考察していませんでした。だが、気候はこれら「生産力」の実際的基盤を構成しているのです。

私はまた、一六世紀末から一七世紀初めの小氷期〔第4章参照〕と、長期経済不況としての「一七世紀の全般的危機」に興味を引かれました。一七世紀における、増大しつつあるアルプス氷河が反映している、（雪が増えるといった）穏やかな冷涼化に特徴づけられる小氷期と、特にフランスにおける深刻な経済不況に向かう全般的傾向との間に関係があったのでしょうか。

もっと明確にいえば、問題は以下のようにいうことができます。小氷期Aと一七世紀の危機B、すなわち、やや寒冷化した気候（A）と多少とも全般的なヨーロッパ経済の長期的危機（B）との間に因果関係が存在するのでしょうか。この問いに対する完全に納得がいく解答は見つけられなかったことを、私は告白しなければなりません。

2　気候の歴史の研究方法はどのようなものですか？

一九五〇年代、アルプス氷河（シャモニー氷河、グリンデルワルト氷河、アレッチュ氷河そしてオーストリアのフェルナクト氷河）の氷舌端〔氷河の下流部の舌状に長くのびた部分の尖端〕についての実地調査から始まって、私が当初企てた気候の歴史は、以下のような様々な方法を使用しています。

＊年輪年代学と呼ばれる、年輪を介した樹木の生長の研究。この分野の卓越した専門家は、亡きセール＝バシェ夫人です。年輪年代学的研究は、スカンジナビア地方に関して特に魅力的です。そこでは、年輪は暑さ（樹木の年輪の生長）あるいは涼しさ（あるかないかのごく薄い年輪によって表される）に密接に依存しているからです。

＊ブドウの収穫日の研究、そして生物季節学（穀物の刈り入れ、オリーブの実の摘み取りといった、植物の成熟のある段階が表れる日付の知識、さらにはいくつかの鳥の初音等）の発達。この「ブドウの収穫日学」は、今日ヨーロッパと北アメリカの科学界では気候の歴史の最も重要な情報源として認知されています。これは一九世紀にアルフレッド・アンゴー〔フランスの気候学者。一八四八―一九二四〕によって創始され、一九五五年に、フランスの優れた気象学者マルセル・ガルニエによって再興された研究方法です。ブドウの収穫日は、当然ながら、極めて精緻な温度計であるとはいえません。しかしそれは、例年より早いか遅いかによって、春夏の暑さあるいは涼しさの度合いについての傾向を教えてくれます。一七八七年から二〇〇〇年の期間については、ブルゴーニュ地方のブドウの収穫日と、三月から八・九月の間にパリで観測された気温との間に、適正な相関関係が得られます[1]。ブドウの収穫日は、今では国際的な正当性を有しており、南ドイツ、スイス、イタリア等でも研究されています。

＊未刊行の新しい文書資料が、M・バリエンドス〔スペインの気候学者。バルセロナ大学教授〕によってスペインで発見されました。それは、干ばつあるいは過度の降雨の場合に執りおこなわれる祈願祭についてのものです。戦うべき厄災の重大さに応じて、お祈りのみから

大規模な巡礼まで、儀式の長短と内容によって五つの段階に分かれています。これらの祈願祭は今では、イベリアの歴史学者たちにはブドウの収穫日とほぼ同等に正確な計測器であり、温度計による測定値以前、すなわち一六五九年（イングランドにおける温度計観測記録データの始まり）以前における計測器とみなされています。

＊氷河の研究は、いぜんとして気候の歴史学者にとって最も重要な情報源です。フェルナン・ブローデル〔アナール派を代表するフランスの歴史学者。一九〇二―一九八五〕は、一六世紀末のアルプス氷河の前進を、一九四九年から指摘していました。彼の学位論文『フェリペ二世時代の地中海と地中海世界』〔邦訳『地中海』全五巻、藤原書店、一九九一―一九九五〕において、一六〇〇年前後のアルプスにおけるこうした氷河の前進を記録している、イタリアの氷河学者U・モンテリンの先駆的論文(2)を引用しています。今日、小氷期はよく知られていますが、それは、二〇世紀と比較してわずかなマイナスの気温差（一℃あるいはそれ以下）があるにすぎません。しかしその変化幅の広さにもかかわらず――一五四〇年以降の氷河の後退、次いで一五八〇年代から一六一〇年代の前進、これは一八六〇年から始まるアルプス氷河の解氷まで続く――、小氷期という語は、（C・プフィスター〔スイスの気候史学者。ベルン大学教授〕によれば）一三〇三年から一八六〇年まで、アルプスの

氷河は一八六〇年から二〇〇七年の間よりも常に大きかったという事実によって正当化されます。小氷期のこうした恒常性と長期にわたる持続性は、グリンデルワルト氷河、ゴルナー氷河、アレッチュ氷河についてのツンブール〔スイスの氷河学者〕のグラフ（一九八〇年）とホルツハウザー〔スイスの氷河学者〕のダイアグラムによって非常に明確に示されています。(3) 氷河の物理的長さが増大したという事実と、今後立証される氷河の体積の五世紀以上にわたる（一三〇〇年―一八六〇年）非常に長期の持続的「大潮」からして、明確な気候変動が一時的にあったにしても、アルプスに小氷期があったという考えが疑問視されるようなことはないでしょう。

*花粉の研究は、長期的視点から、特にアルプスにおけるいくつかの氷河の前進の日付を得るために貴重です。泥炭坑中における様々な植物の花粉の出現もしくは消滅、すなわち森林の樹種の変化は、氷河が接近した時期や気候が冷涼化した時期に対応する可能性があります。人間の活動による要因（農業）は重要で、花粉の研究は殊に先史時代については適切であることが証明されています。紀元前四〇〇〇年代に最高潮を迎えた気候最良期〔温暖で降水量が多く、年平均気温が現在より約二℃高かった期間〕――紀元前五五〇〇年から紀元前三〇〇〇年――がそうです。この期間についての花粉の研究は、キヅタ属とモチノキ

属（セイヨウヒイラギガシ）のような好熱性の植物が北方地域にまで存在したことを明らかにしました（沼地のカメの生息地拡大も同様です）。今日、セイヨウヒイラギガシはフランスの北部地方に再び生育するようになっています（再温暖化）。

（1）I. Chuine, V. Daux, E. Le Roy Ladurie, B. Seguin, N. Viovy, P. Yiou, "Grape ripening as a past climate indicator," *Nature* 432-44, 18 nov. 2004, p.289 以下参照。www.nature.com/nature.
（2）F. Braudel, *La Méditerranée et le monde méditerraneen I*, p.247, Armand Colin, 1966 に引用された "Il Clima sulle Alpi ha mutato in età storica ?" Bologna, 1937.〔邦訳『地中海Ⅰ　環境の役割』四四九頁参照〕
（3）グラフは、クリスティアン・プフィスターの著書 *Klimageschichte...*, p.146 に再録されています。

3　気候の歴史家とはどのような人たちですか？

一九六〇年代における気候の歴史の創始者のうちに、イギリスではH・ラム[1]とD・J・ショーヴ[2]を挙げなくてはなりません。しかし、この研究に専念している「本来の」歴史家は多くありません。長年、フランスでは（専門的な気候の歴史研究者としては）私ひとりでした。この問題はとてもデリケートで、今日私は、以前よりも深くこの研究に携わっていますが、非常に慎重でなければなりません。ヨーロッパの気候の歴史研究者のなかで、スイスはクリスティアン・プフィスター[3]とベルン学派（ルーターバッヒャー[4]等）とに代表され、ベルギーはピエール・アレクサンドルに代表されます（『中世の気候』）。フランスでは、カーンのエマニュエル・ガルニエ[5]とM・ルヴァヴァスーのような若い歴史学者が学統を継いでいます。今日、温室効果のせいで、科学者は歴史学者に質問を発しています。こうして、ジフ＝スュー＝イヴェットの気候・環境科学研究所[6]に、気候の歴史についての研究グループが生まれました。このグループは、パスカル・イオー、ヴァレリー・ドー、イザベル・チューイン、ニコラ・ヴィオヴィー、ベルナール・スガンら若い科学者たちによって活気に満ちています[7]。また、フィル・ジョーンズ[8]〔イギリスの気候学者〕、マイケル・マン[9]〔アメリカの気候学者〕のような気候の歴史のグローバルな科学者も想起する必要があります。ヨーロッパでは、われらが「気候歴史学者」は、それまで活用されていなかった情報源を使用しています。スペインにおける祈願祭がそうです。M・バリエンドス[10]はその専門家となりました。イタリアでは、ルカ・ボナルディ[11]が、ブドウの収穫日の系統立った比較研究から、一八五九年―一八六〇年の転機が、シャモニーやグリンデルワルトにおいてだけでなくパダノアルプスにおいても、小氷期の終わりを画したことを証明しました。

（1）H. Lamb, *The Chaging Climate*, London, 1966.
（2）D. J. Schove, *Sunspot Cycles*, 1983.
（3）例えば C. Pfister in *Klimageschichte*...
（4）例えば C. Pfister in *History and Climate*, Kluwer, 2001 *Klimageschichte* の参照もまた不可欠です。

(5) *Chronologie climatique de la Normandie, XIe–XIIIe siècle*, 未刊行。

(6) Laboratoire des sciences du climat et de l'environnement (LSCE).

(7) I.Chuine, V. Daux, E. Le Roy Ladurie, B. Seguin, N. Viovy, P. Yiou, "Grape ripening sa a past climate indicator," *Nature* 432-44, 18 nov. 2004.

(8) P. D. Jones, *History and Climate* 参照。

(9) "Solar Forcing of Regional Climate Change during the Maunder Minimum," *Science* 294, 7 dec. 2001.

(10) M. Barriendos, C. Pfister et al., "Documentary Evidence on Climate in Sixteenth-Century Europe," *Climate Variety...*, Kluwer, 1999, question 2 参照。

(11) L. Bonardi, *Che tempo faceva*, Milano, 2004.

4　「小氷期」とは何ですか？　超小氷期を何と呼びましょうか？

中世小気候最良期〔第6章参照〕に（少なくともヨーロッパにおいては）引き続くかなり長い期間（一三〇三年―一八五九年、あるいは単純に一三〇〇年―一八六〇年）が、「小氷期」と呼ばれています。小氷期自体は、C・プフィスターの研究によれば、一三〇三年から始まっているようです[1]。スイスの氷河学者たち、特にホルツハウザーが、アレッチュ氷河とゴルナー氷河近くで得た年輪年代学による年代決定のおかげでそのことが知られています。残念ながらシャモニー渓谷については、いくつかの言い伝えや何年も前にシャモニー地方で得られたひとつの年輪年代学的年代決定を除けば、同様なデータはありません。アルプス氷河の最初の最大状態（氷河の氷舌端の顕著な伸長）は、一四世紀になって始まり、一三八〇年頃まで続きました。もう、「超小氷期」の始まりを云々すべきでしょうか。この前進の後、一五世紀の前半にこれら氷河、別名「アルプスの巨人」のわずかな後退が続き、クァットロチェント〔一五世紀の初期イタリア・ルネッサンス時代〕の後半に、さほど大きくない新たな前進がありました。いずれにせよ、この後退は小氷期の範囲内に収まるものです。この中世の終末期には、同じ氷河で二〇世紀末に記録されることになる顕著な最小状態が、アルプスの高所においてまで見受けられることは決してないのです。「麗しき一六世紀」は、C・プフィスターが明らかにしたように、一五〇〇年から一五六〇年の間気候が穏やかだったせいで、——一五四〇年以降かなりの後退を示しはしましたが——氷河がやや後退しているのが特徴です。こうした状態とは反対に、いかにも小氷期にふさわしい時期は、一五六〇年、いや一五七〇年以降です。この時期には、氷の消耗に不都合な低気圧で多雨な夏と、寒くておそらくは雪の多かった冬が頻繁に繰り返されたせいで、アルプス氷河の大幅な前進が記録されています。

　こうした氷河の前進は、一五九〇年代に最初の最高点に達します。この時期に、シャモニーとグリンデルワルト地方の氷河は、氷河の外縁や近接した位置にあった教会堂と小集落を倒壊させるのです。この頃には、メール・ドゥ・グラース〔氷の海。フランス・アルプスの大氷河〕がシャモニーから見えたことが、確かな情報源によってわかっています**〔口絵①〕**。こんなことは、それがモンタンヴェール山の山陰に隠れ始める、一八六〇年—一八七〇年以降はもうありません。「第一次超小氷期」と呼ぶにふさわしいのは、気温からすれば一五七〇年から一六三〇年の間、氷河の膨張という点では一五七〇年から一六四〇年です。この年（一六四〇年）から、シャモニーの氷河、特にグリンデルワルトの低地氷河はわずかに後退し始めますが、それは非常に幅のある小氷期の範囲内に収まるものです。一六四〇年以降、超小氷期は過ぎ去るにしても、依然として普通の小氷期は続いています。したがって、可変性という概念が必要です。アルプス氷河のピークは、一五九〇年から一六四〇年の期間ほど明確ではないにしても、一六七〇年頃にあります。それから、一七二〇年頃、一七四〇年以降、一七七〇年の直後に、新たな前進が見られます。そして、その後の一八一五年から一八五〇年—一八六〇年の間を、第二次超小氷期ということができます。ルイ一八世からナポレオン三世の初期一〇年間までのこの第二次超小氷期は、特に非常に降雪の多い冬と、一八一二年から一八一七年の何度かの冷涼な夏等のせいと思われます。

（1）これ以前の千年単位の期間には他の小氷期がありました。しかし、それは本書の主題ではありません。

5 小氷期はヨーロッパだけのものですか？

年代はかなり幅がありますが、小氷期は、アイスランド、スカンジナビア、ノルウェーにも、特に一八世紀の前半に（アイスランド、ノルウェーに）みられます。北アメリカでは、氷河が最も拡大したのは一三世紀半ばから一九世紀後半までで、アラスカでは一六世紀末と一八世紀中頃に最大となりました。北アメリカにおける氷河伸長最大年は、かなり幅がありますが、総じて一九〇〇年以前です。ヒマラヤでは、一九世紀初め、さらには末まで拡張相にあるといえます。南アメリカでは、アントワーヌ・ラバテル（フランスの周氷河地形学者）が示したように、一七世紀と一九世紀に大幅な前進がみられます。一般に、小氷期という概念は、独自の法則を持っている南極大陸を除けば、世界的規模を持っているようです。

しかし、卓越したアングロサクソンの気候学者たち、特にフィル・ジョーンズとマイケル・マンは、小氷期という概念自体を否定しさえします。それにもかかわらずこの概念は、氷河学者、特にグルノーブルの氷河学者たちには、第一に、なによりもアルプスについての純粋に氷河学的な現象であり、第二に、場合によっては気候についてのなんらかの結論を引き出すことができる現象である、という条件のもとで受け入れられています。いくつもの分析方法によって、一五八〇年からの氷塊の前述のような発達を知ることができました。古文書はもちろんのこと、次第に豊富になる図像があります。この図像のおかげで、H・ツンブールとC・プフィスターは、グリンデルワルト氷河の発達の完璧なすばらしいグラフを描くことができました。もっと古い時代については、モレーン〔氷河が運んできた岩石や土砂が氷河の周囲に堆積したもの〕の間にはさまれた木々の幹で満足しなければなりません。以前は炭素14によってこれら幹の年代決定をしていました。今日では、樹木学が（氷河の前進や後退の年代決定について）一年単位での精確な測定を可能にしました。最先端の分析方法は、泥炭と地衣植物に見いだすことができます。

したがって、冬の降雪量が多いか少ないかが決定的な役割を果たすのですから、小氷期は気温について推定することしかできない氷河現象です。いずれにせよ、小氷期に特徴的な世紀にまたがる変動は、特にそれに先立つ温暖なアルプスの中世小気候最良期〔第6章参照〕と比較して、「最悪でも」マイナス一℃を超さないようです。他方、二〇世紀末、そして特に二一世紀からの再温暖化は、もっとはなはだしく二℃～三℃、さらにはそれ以上まで達するかもしれません。

6 中世小気候最良期とは何ですか？

中世については、気候学的観点から二つの時期を他と区別することができます。一三世紀あるいは九世紀─一三世紀ともいえる「中世小気候最良期」〔日本で出版されている気候関係の書籍では、一般に「中世温暖期」と呼ばれているが、本書では著者の意図を尊重して、原語に忠実に訳出した「中世小気候最良期」を用いる〕と、一四世紀の小氷期の初期（第一次超小氷期の時期）です。

何人かの歴史学者は、かなり良好な経済的・人口学的状況とゴシック様式の開花とを理由に、「麗しき一三世紀」について語ることができました。小氷期──クリスティアン・プフィスターは一三〇〇年─一三〇三年頃に始まったとしています──以前に、おそらく八世紀─九世紀から一三世紀の間に小気候最良期があったということがわかりました。これは、シャルルマーニュ大帝〔フランク王。七四二―八一四〕から聖王ルイの時代を含んでいます。ピエール・アレクサンドル[1]〔フランスの気候史学者〕によれば、「温暖な」この時期は、より暑くてやや乾燥した夏〔特に一二四〇年から一二九〇年〕と、より暖かい冬とで特徴づけられます。こうした条件〔特に夏〕は、むしろ穀物の栽培に好都合です。一方、フランスでは猛暑の夏〔二〇〇三年〕が、こうした焼けつくような季節にしばしば起こる干ばつと日照り焼けという現象のせいで、穀物の生産に損害を与えうるのだということが知られるようになったのもまた確かです。まだ半ば液状あるいは「柔らかい」段階の穀物や穂は〔フランスでは五月・六月〕、二〇〇五年六月のノルマンディーの例のように、暑さの一撃に耐えられないことがあります。すなわち、日照り焼けです。この日照り焼けは、一ヘクタール当たり約一〇キンタル〔一キンタルは一〇〇キログラム〕程度の、とにかく現代では非常に深刻な収穫減を引き起こしました。一二三六年の場合もそうでした。ルーアンで猛威をふるった大干ばつは、穀物の不作とブドウの好収穫を引き起こしたのです。一般に、暑くて乾燥した夏は、過度に乾燥〔一八四六年〕しなければ、ブドウにも穀物にも好適なのです。かつてないくらい存分に日差しを浴びた、ブリューゲル〔一六世紀の農民風俗を描いたフランドルの画家〕のあの豊穣の「刈り入れをする人々」を思い起こします〔口絵②〕。いくつかの日照り焼けの事例にもかかわらず、一三世紀の高温は、「ゴシック[2]」期の農業、経済、人口に、よい刺激を与えることができたのです。

　これらとは逆に、一三〇三年冬以降、小氷期が明確になります。それは、寒い冬と冷涼多雨な夏、そして同時あるいはほんのわずか年代的に遅れた、氷河の伸長（スイスのアレッチュ氷河、特にゴルナー氷河）に特徴づけられます。小氷期のこのダイナミックな最初の相は、今日ではかなりよく知られています。「時を分かたぬ降水」のせいで、一三一四年―一三一六年は特に飢饉の激しい期間となりました。この時期、西から東に流れる低気圧の通り道となったため一三一四年の冬から春と夏は掻き乱されました。低気圧は「まとまって」移動し、南下もしました。一三一四―一五年は、まぐさは乾かず、犂《すき》はぬかるみにはまり、種播きの機会は失われました。今度はボードレールを、あの『パリの憂鬱』の「低く重苦しい空」を想起します。コップ教授（ボードレール研究家、スイスのバーゼル大学）によれば、この詩は、一八五〇年から一八五一年、あるいは一八五六年四月と一八五七年二月との間――フランスでは大洪水がいくつか発生しました――、に書かれたそうです。こうした第二帝政初期の「混沌」は、あの一三一四年――一三一五年の混沌に匹敵するのではないでしょうか。それは、一三一五年の不作を招来し、引き続く冬から一三一六年春にかけて飢饉を引き起こして多くの死者を出したのです。

中世末期の超小氷期は、一三八〇年頃まで続きます。一三四八年のペストは、理論的には、気候によって引き起こされたのではなく、ロシア南部まで続くモンゴルの絹の道と地中海の大きな港（コンスタンティノープル、ジェノヴァ、ヴェネチア、マルセイユ、バルセロナ）から広がった（中央アジアのネズミとペスト菌を媒介するノミの集積地帯から来た）伝染病によるものです。しかし、元は腺ペストだったものがヨーロッパで肺ペストになったのですが、このイエルセン菌の肺への転移は、C・プフィスターが詳しく研究したように、一三四〇年代の多雨で寒い夏と関係があると考えるべきでしょうか。気候は、ここでも他所のように、何かを引き起こす要素でありうるのでしょうか。一三四〇年代の過度に冷涼で寒くて多雨な夏は、一三七〇年頃終結したアルプス氷河の最後の伸長――特にアレッチュ氷河の伸長――を説明するのに、有意な役割を果たすのでしょうか。（夏期における）氷河の消耗不足は、一四世紀の前半の三つの四半期における氷河の伸長を促進していたことは確かです。

（1）Pierre Alexandre, *Le Climat en Europe au Moyen Âge*, Paris, 1987.
（2）*Glaciers à l'éprouve du climat* (Paris, Belin, 2007, p.51, p.56) と題された大著において、ベルナール・フランクーとクリスティアン・ヴァンサンは、アレッチュ氷河の研究によって、中世小気候最良期の他に、もっと古い時代にローマ時代の小気候最良期というものも存在したと示唆しています。この期間の特徴は、アレッチュ氷河の大幅な後退と、その後の安定によって、紀元前三〇〇年から、西暦一五〇年、さらには二五〇年までの数世紀間、氷河の周縁部が非常に後退した位置にあったことです。こうした持続期間が実際にあったことは明白です。しかし、だからといって性急な結論を導き出すことはしないでおきましょう。ともあれ、五〇〇年にわたって相対的に気候的に温暖であったという現象は、ポー平野〔イタリア北部〕とガリア地方のケルト人、次いでガロ＝ロマン人の農業にとって好適な結果をもたらしたことでしょう。

7 クァットロチェントの気象的、気候的特徴は何ですか？

一四世紀についてはよく知られていますし、一六世紀については、プフィスターともう一人、チェコの大気候学者ブレージルの著作のおかげでさらに一層よく知られているのですが[1]、一五世紀は気候の歴史研究者によってあまりよくは研究されていません。一五世紀の上半期、ジャンヌ・ダルクの時代には、まだ全般的な小氷期が持続していたにもかかわらず、ささやかな再温暖化が記録されています。この時代は英仏百年戦争のせいで悲惨な時代なのですが、一四一五年から一四三五年の間は、夏がすばらしかった時期として際立っています。晴れた夏が続き、ブドウの収穫は平年より早く、昔のフランスだったら「憲兵の乗馬ズボン」と呼んだであろう青空が長く伸びていました。これらの好天の夏は、一四二〇年の夏のように、極端に暑かったようです。一四二〇年の夏の日照り焼けと干ばつは不作と飢饉を引き起こしました。飢饉はまた、戦争のせいでもありましたが。一四二〇年の夏は、天気がよすぎて、あまりにも暑く、過度に乾燥して、花嫁は美しすぎたのです。小麦は中東原産で、シリア北西部の地中海地方および隣のトルコで改良されました。ですから、繰り返しいいますが、冷涼で多雨だが、ときには過度に暑くて乾燥する（シリアからの移入作物には好ましいのに）夏がある、フランスや北部ヨーロッパの気候はあまりよくありません。これが、一四二〇年に起こったことなのです。冬になってクリスマスがくると、パリでは小麦が不足しました。そして、他所より暖かい、首都の堆肥の山の上に身の置き所を見つけた小さな子供たちの嘆き悲しむ声が聞こえました。『ああ、飢え死にしてしまうよ！』と子供たちが泣き叫ぶ声が夜通し聞こえるのに、なんと無情なことか、慈悲の心はないのか」と、パリの市民が書いています。[2] 一四二〇年の夏は二〇〇三年の夏と比較しうるでしょうか。一四二〇年の二月から八月までのすべての月が、涼しいかやや暖かめだった一九世紀から二〇世紀の平均気温よりも、少なくとも二℃暖かかったのです。ばらつきがあるのは当然のこととして、特に一四七三年のように（時宜を得た降水のせいで飢饉がありませんでした）、いくつかの暑い夏、したがって例年より早いブドウの収穫があったということも指摘できます。しかし、一四七三年の夏の終わりは非常に乾燥した時期だったことが、年輪年代学によって明らかになっています。極端に堅い年輪が深刻な水不足だった一四七三年の夏の終わりに対応しているのです。

一五世紀下半期は、上半期と異なり、全般的にやや冷涼化したのが特徴です。特に、ルイ一一世治下の一四八一年は、極度の寒さと降水によって引き起こされた大飢饉が猛威をふるった不作の年でした。この時、気候の影響が一三一五年あるいは一四二〇年ほど深刻でなかったのは、一四五二年―五三年に百年戦争が終わっていたからです。当時フランスは、国民は活力にあふれ、再建の真っ只中にありました。一四六〇年から一五一〇年まで続く「輝かしき五〇年」です。たしかに、一四八〇年―一四八一年の冬は非常に寒く、春夏は冷涼多雨でした。しかしルイ一一世は飢饉対策をとりました。一三一五年のルイ一〇世強情王の場合はそうではありませんでした。王は食糧不足に対してほとんど対応策をとらず、フランドル地方駐留の自分の軍隊に小麦を送り、何人かの農奴を金と引き替えに解放するだけで満足しました。

一七四〇年は一四八一年と対比できます。春夏が冷涼多雨な季節で、その後一七三九年―一七四〇年の凍るような冬が続き、一四八一年のように反小麦的な最悪の気候的連鎖を呈しました。

ルイ一一世以降王政は、食糧不足の時には、臣民の運命に多少は関心を示しはしました。それはルイ一四世とコルベール、そしてルイ一五世によってさらに明白になりました。しかし、いずれ王権はこうした関心にかなり高い対価を支払うことになります。それは、「飢饉の陰謀[3]」に対する告発というまったく誤った非難となります。王政は、民衆を飢えさせるために小麦を投機目的で貯蔵したとして（想像して）、罪もないのに非難されることになるのです。

（1）Pfister, Brázdil, Glaser, *Climatic Variability in 16th Century Europe and its Social Dimension*, Kluwer（オランダ）1999.
（2）*Journal d'un bourgeois de Paris*, éd. par C. Beaune, Paris, Livre de Poche(édition complète), 1990, p. 163.
（3）Steve Kaplan, *Le Complot de famine*, Paris, Armand Colin, 1982. 〈重要〉

8　過去五〇〇年間において、他より特に冷涼、寒冷、降雪の多い年が連続する期間を挙げることができますか？

最初の大寒冷期は一三〇〇年から一三八〇年にかけてで、一三四〇年（冷涼な夏の到来）から一三七〇年代末（氷河の大拡張）の間に顕著な様相を示しました。しかし一六世紀末の超小氷河期のほうが最もよく知られています。[1] この超小氷期（別名、近代最初の超小氷期）、すなわち「強力な超小氷期」は、一五七〇年から一六三〇年の間に位置します。これは、その前兆の時から、一五六〇年から一六〇一年までのしばしば冷涼な夏によって注意を引きましたが、やはり非常に寒かった一六二〇年代の一〇年間によってはっきりと継続します。この一〇年間の冷涼な夏は、特にアレッチュ氷河、そしてゴルナー氷河とシャモニー氷河を育て、それぞれの氷河は一六四〇年あるいは一六五〇年に大いに伸長することになります。

こうした冷涼相（寒い冬と霧の多い夏）の（しばしばマイナスの）農業への影響は、特に小麦、付随的にブドウそして酪農におよびます。寒い春（三月・四月）によってそれぞれ「害をこうむり」、冷涼多雨な夏が収穫を損ない、季節の中心時期に、ワインに含まれる糖度、さらには土壌中の窒素濃度を下げるのです。C・プフィスターによれば、「寒い春と多雨な夏の危険な連続は、農業生産に対してマイナスの累積効果をおよぼします」。彼は、特に一五七〇年から一六三〇年の、ポトシ銀山〔ボリビア南西部〕からの銀の大量流入とあいまって引き起こされた、穀物（ライ麦）価格の高騰を強調しています。主に冬季に降水が多すぎたことによって、土壌中のカルシウム、リン酸塩、窒素化合物が減少しました。こうした累積的結果は、フランスよりもさらに寒いイングランドにおいて特に大きな被害を与えました。もちろん、気象による災害の年次経過はどこでも同じというわけではありません。スイスは一五七〇年—一五七一年に被害を受け、フランスは、一五七二年末の寒さと湿潤の結果、一五七三年に穀物の不作を経験しました。スイスとドイツの研究者は、これまで述べてきたような不幸な気候的不測事態によって、そして「ブドウジュース」より手軽になったビールの消費への嗜好の移行によって、特に一五八五年から一六〇〇年にワインの生産が減少したことを強調します。「凍える春と多雨な夏」の組み合わせは、しょせんは地中海地方という温暖国の植物であるブドウの木にとって極めて有害でした。実際、ワインの生産をご覧ください。それは一六世紀末の危機（量的減少）の時期、超小氷期の年表を体現しています。一五三〇年から一五八四年と一六三〇年から一六七〇年の期間、スイスではこの飲料の生産は高水準にあります。反対に、一五八四年から一六三〇年の間は、特にビュルテンベルク地方〔ドイツ南部、ワイン取引の中心地〕、低地オーストリア地方、西ハンガリーそしてフランス北部地方で生産量は低いのです。この年代範囲（一六世紀末）では、スイスが、北極の大気の侵入により一五八七年に非常に寒い年を経験しています。六月―七月まで低地に雪がありました。一五八八年もそうでした。この年、ルチェラで六月、七月、八月の間に七七日も雨が降ったのは、一五八六年に地球の裏側で起きた火山の噴火に関係があるのでしょうか。フランスにおける危機の年は、一五八六年から一五八七年にかけてです。一五八六年の湿潤な秋、それから非常に寒くて湿潤な冬、寒い春（一五八七年五月一一日まで）、三月、五月、六月と続いた洪水は、結果として一五八七年の不作をもたらしました。そして飢饉、特にパリがひどかったのです（こうした気象期間は、一五八六年の後半から一五八七年の前半に照応しています）。

一五九九年から一六〇〇年と一六〇〇年から一六〇一年にかけての厳冬の間、ベルン州はユキウサギと野鳥の狩猟を禁止しなければなりませんでした。クリスティアン・プフィスターは、一五八五年から一五九七年の間の夏は、海面気圧が（一九〇一年から一九九八年の）基準期間を下回る低気圧配置だったと判断しました。これら基準期間はより温暖でした。一五九〇年の暑い夏にもかかわらず、一五八五年から一五九七年の夏は二〇世紀の夏よりも〇・六℃低く、より多くの洪水に見舞われました。全般的にいうと、プフィスター、ルーターバッヒャー、ブレージルの計算によれば、一五六〇年から一六〇〇年の期間の平均気温は、一九〇一年から一九六〇年の基準期間中の年平均気温より〇・五℃低かったそうです。これらの年平均気温に比べて、冬は〇・五℃低く、春は〇・三℃から〇・八℃低かったということです。この世紀の最後の四分の一（一五七七年から一五九七年）の夏は、先の基準期間よりも〇・四℃下回っています。重要なのは、これらの夏の全体的な涼しさではなく、「ショック」すなわち特別寒い年と痙攣のように突然起きる過度の降水なのです。(2)

魔女狩りは、一五七〇年から一六三〇年の超小氷期のとばっちりを受けたということに注目するのは興味あることです。クルミ大の雹《ひょう》（シュトゥットガルト）と凍りつくような風をともなった、南ドイツにおける一六二六年五月二四日の春の霜は、その年に期待されるブドウの収穫をほとんど無にし、その地方がかつて経験したなかで最も忌まわしく甚大な魔女狩りを引き起こしました。しかし、短絡的な理由づけは慎みましょう。

一六世紀末の特徴は、シャモニー氷河とアレッチュ氷河について一五七〇年から顕著になる新たな伸長です。アレッチュ氷河は、一五八一年から一六〇〇年の間に、一年当り二八メートル前進しました。したがって、合計五六〇メートル前進したのですが、一六〇〇年から一六七八年の間にはさらに年に一三メートル前進しました。一六二七年から一六二八年までの寒くて多雨な年は、氷河の消耗の減少によって、その後の三〇年間にわたるこれら氷河の攻勢に重大な貢献をしました。

超小氷期の諸原因のうちで、アルプスから遠く離れた（ヨーロッパ外の）ものも含めて、煙霧質を噴出する火山活動について力説すべきでしょうか。一五九〇年代の一〇年間は、こうした観点から示唆的であり、他の諸「一〇年間」よりも火山活動の点で興味をそそられます。

（1）ここでは、Wolfgang Behringer, Hartmut Lehmann, Christien Pfister, *Kulturelle Konsequenzen der « Kleinen Eiszeit »*（「小氷期」が文化におよぼした影響」）, Van den Hoeck and Ruprecht, Göttingen, 2005 に掲載された、クリスティアン・プフィスターの論文 “Weeping in the snow” にしたがうことにしましょう。

（2）一五九〇年代の一〇年間における降水（アルプス山脈に降った過度の雨と雪）についての Renward Cysat の業績を参照。

グリンデンワルト下部（スイス）の氷河

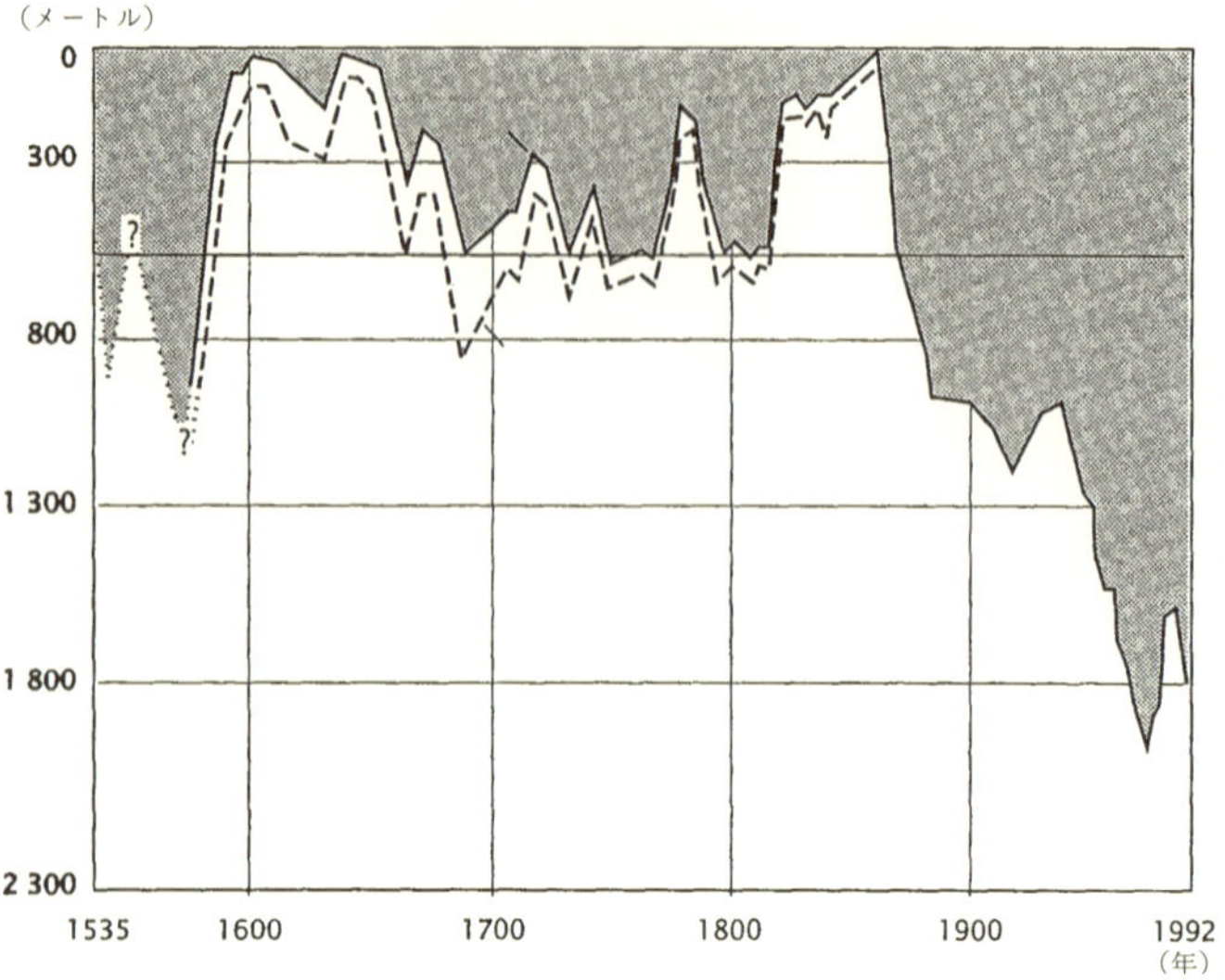

このグリンデンワルトのグラフは，16世紀から20世紀までの，アルプスの大氷河（スイスの諸氷河，グリンデンワルト氷河，アレッチュ氷河，ローヌ氷河，そしてシャモニーの諸氷河）の歴史についての範列的イメージを与えてくれる．このグラフから，以下の解説を導き出すことができる．

1540年から1570年頃の氷河の穏やかな後退の後，1595年から1640年-1650年にわたる最初の氷河伸長（近代最初の超小氷期，別名「強力な超小氷期」）がくる．それから，17世紀のほぼ中頃から1814年までの，変動のない小氷期状態（中程度の強度の小氷期）が続く．1815年から1859年-1860年まで，アルプスの大氷河が新たな伸長をし，新たな最大到達点に達する（近・現代第二回目の超小氷期，すなわち新超小氷期，別名新強力な超小氷期）．1860年からの氷河後退，そしてグラフの右に示されている1860年から今日までの急速な後退．（グラフの下方が氷河最小，上方が氷河最大）

出典　Holzhauser, Zumbühl et al., *Holocène* 15, 6(2005) p.1695

9　一五七〇年から一六三〇年の超小氷期の、人間に対する影響はどのようなものでしたか？

まず、六つの一〇年間で構成されているこの時期をひとつの塊としてみないほうがいいでしょう。実際フランスでは、「わたしたちの」人口が二千万人で頭打ちになっていたとはいえ、一五九五年から一六二〇年の間に、経済発展と平和な繁栄のすばらしい時期がありました。この場合、好機の窓という観念が肝要です。舞台の背景（寒冷多雨な時代）は常に同じですが、効果は状況（戦争という役割もあります）によって異なります。時代は後になりますが、寒くて湿潤で、飢饉がはびこり……戦争がうち続いた一六九〇年代に、これらのことを雄弁に語る例があります。一六九三年から一六九四年、フランスは飢饉に見舞われます。一六九七年には、フィンランド、スカンジナビア地方、スコットランドです。

この時期（一六世紀末から一七世紀の初期三分の一まで）、たくさんの飢饉が次から次へと発生します。
＊一五六二年―一五六三年　秋、冬、春と雨が続き、一五六三年の飢饉を引き起こします。
＊一五六五年―一五六六年　一五六六年の飢饉は、播かれた種を凍らせた厳冬のせいです。この厳しい冬（一七〇九年の冬に匹敵します）は、ファン・エンゲレン〔オランダの気候学者〕が、一二月・一月・二月の三ヶ月間についての寒冷度指数によって判定した「大寒冷」群の始まりです。一五六九年（指数七、厳しい）、一五七〇年・一五七一年（指数六、寒冷）、一五七三年（指数八、非常に厳しい）。
＊一五八六年―一五八七年　一五八七年の冬は指数七（厳しい）です。これは、小氷期あるいは超小氷期における季節モデルのひとつです。寒い多雨な冬と冷涼多雨な春夏（一七四〇年と同様です）。
＊典型的に寒冷な（まさに同時代の、シェイクスピアの『真夏の夜の夢』が示すように[1]、一五九六年から一五九七年にかけてピークを迎える、遅いブドウの収穫、不作の連続）一五九〇年代は、フランスでは、それ自体が穀物不足と小麦価格の上昇を引き起こした一五九六年の多雨な夏に続く、一五九六年から一五九七年の厳しい年月となって表われます。こ

れは「純粋に気候的出来事です」。戦争に特有な災禍はありません。平和な時代だったのですから！　死亡率は上昇し、（この説明はさらに難しいのですが）おそらくは飢饉による無月経のせいで出生率は大きく落ち込み、フランスは一時的な危機に直面します。

＊一六二二年　イングランドにおける飢饉という、まれな驚くべき出来事。当時、一六二一年から一六二二年の非常に小氷期的な時期にあったのです。一六二〇年―一六二一年冬、非常に寒冷（指数八）。一六二一年夏、非常に冷涼（指数二）。一六二一年―一六二二年冬、寒冷（指数六）。一六二二年夏、冷涼（指数四）[2]。したがって、イングランドは不作となり、一六二二年のイングランドの、さらには大陸諸国のパンの価格は高騰します。

＊一六三〇年―一六三一年　大西洋低気圧が東西を結ぶ線方向の経路から外れて一時的に南にずれた結果、極度に湿った気象相が出現します（一六二九年一〇月から一六三〇年四月）。そのため一六三〇年、特にアンジュー地方で不作となります。それはフランス西部全域（アンジュー地方、ブルターニュ地方、アジャン地方）で大飢饉を引き起こしますが、ロレーヌ地方では軽微です。これは一六三一年の春まで、食糧不足として続きます。

この問題については、私たちの考察はいつも同じ方向に向かいます。重要なのは夏の冷涼さ

「それ自体」ではなく、「ショック」すなわち特別寒い年と降水の痙攣的な突然の過剰なのです。

（1）「百姓は汗水たらして懸命に働くが、これっぽっちの収穫もない。小麦はまだ青い草のうちに、ひげの生えた穂が出る前に、腐ってしまった。大地は水浸しで、疫病にやられて家畜はいなくなり、牧場は空っぽだ。……季節は暗転した。真っ白に輝く霜が、みずみずしい深紅のバラの花の中に降りそそぐ。」

（2）ファン・エンゲレンの指数は、（冬については）寒さが増すと数値が大きくなり、（夏については）暑さが増すと大きくなります。

10 一七世紀は絶え間なく寒かったのですか？

フィル・ジョーンズ（イギリス）やマイケル・マン（アメリカ）のような卓越した専門家は、アンリ四世、ルイ一三世、ルイ一四世たちの一七世紀を、全体としては二〇世紀より（〇・五℃から一℃）寒かったと考えています。状況が深刻さを増してゆくマウンダー極小期（一六四五年から一七一五年）〔第11章参照〕を考慮に入れてもそうです。小氷期全体で三つの非常に寒冷な時期[1]を区別しなければならないことを思い起こしましょう。（ご参考までに挙げると）一三〇三年から一三七〇年、そして一五七〇年から一六三〇年まで、最後に一八一四年から一八六〇年です。一七世紀については、仔細にみると、寒冷傾向が持続しますが、一六三〇年から一六九〇年の期間は（一六九〇年代の寒冷な一〇年間と対照的に）、幾分弱まります。この一六三〇年から一六九〇年の期間は、春夏は寒いことが多かったが、反対に一六三〇年代、一六六〇年代、一六八〇年代にはしばしば暑い夏があった、という特徴を持っています。これに対して一六三〇年に先立つ（超小氷期の）数年には、寒さが比較的強烈だった期間がいくつかあります。大西洋では、氷塊がアイスランド沿岸周辺に近づき、これと同時にアルプス氷河が成長します。一六二〇年代にはまだ、メール・ドゥ・グラースがシャモニー渓谷の下流まで下がってきつつあったことを思い起こしましょう。

それでも微妙な変化はあります。プフィスターになじみ深い一五七〇年から一六三〇年の冷涼期の間の、一五九八年から一六一〇年の期間は、経済と農業にとって厳密には惨禍を招くものではなかったのです。気候とは関わりない政治的要素が無視されてはなりません。実際フランスは一五九八年以降、平穏になったアンリ四世の治世、さらにはマリー・ドゥ・メディシスの摂政時代にまでいたる、宗教戦争後の平和の再来（ヴェルヴァンの和約〔フランスとスペインとの平和条約〕）による、ある種の繁栄を迎えていました。さらに、一六一六年の夏を含む、非常に好天の夏が知られています。これは、ようするに、真の「雌鶏のポトフ〔アンリ四世が、貧しい農民でも日曜日にはこの料理を食べられるような政治をしたいといったことから、貧者のことを考慮した善政を象徴する言葉〕」の時代なのでしょうか。実際には、日曜日に鶏肉を食べるのはごく少数の豊かな農民にしか関わりのないことではありますが。

一六二〇年代の一〇年間は、再び寒冷化して、一六二二年から一六二三年のイングランドの飢饉、そしてフランスにおける一六二八年の夏のない年で頂点に達しました。結果として、一六三〇年にフランス南西部で飢饉が起こり、さらに、一六二九年一〇月から一六三〇年四月まで休みなく雨が降ったことによる無残な収穫のせいで、一六三一年春に飢饉が発生しました。

こうしてみると、可変性という概念を強調することが適切ではないでしょうか。小氷期の厳しい様相は一六三〇年―一六三一年からやわらぎます。一六三〇年代は、一連の非常に暑い夏(一六三五年から一六三九年)によって特徴づけられます。河川の水位は最低となり、水は細菌に汚染されました。豊作にもかかわらず人々は、これらあまりにもやせ細った水面の汚れによって生じた赤痢という伝染病の大流行に直面しました。それから、夏の過度の暑さによる赤ん坊の脱水症が起きました。その結果、これら幼い命に乳児期脱水症と下痢が発生しました。

一六四〇年代は、これらとは反対に、特に一六四〇年から一六四三年の間、そして一六四八年、一六四九年から一六五〇年、春と夏がより冷涼になりました。一六四九年から一六五〇年は、フロンドの乱の初期でもあります。フランス北半分の地域の民衆は、悪天候、一六四八年から一六四九年にかけての厳しい冬、一六四九年の冷涼多雨な夏のもたらした結果……そして内戦によって、殊に被害をこうむりました。アメリカの歴史学者ロジャー・ビッグロー・メリマン[2]は、一六四〇年から一六五〇年の間に、カタロニア、ポルトガル、ナポリ、フランス、イングランド、オランダで起きた、西ヨーロッパにおける同時代の六つの革命を調査しました。たしかに、これら六つの政治革命には気候的共通点はまったくありません。しかし、一六四八年から一六五〇年―一六五一年までの小麦の高値、したがってパンの高値は、フランス、イギリス、ドイツにおいて民衆の不満を先鋭化させました。ヘスでは、春と夏に大雨に見舞われた一六四八、四九、五〇の三年間、これらの季節の穀物収穫は減少しました。

太陽黒点が最小あるいはゼロの時期、マウンダー極小期（一六四五年から一七一五年）が出現しました。ルーターバッヒャー等何人かの気候学者は最近、一六七五年から一七一五年までを後期マウンダー極小期とする概念を主張しています。これは研究上説得力があります。この後期マウンダー極小期は時期が遅いのですから、一六〇〇年代の一連の暑い夏とは関わりがありません。ルイ一四世が親政を開始した一六六一年にフランスで飢饉が発生しましたが、それはなによりも雨が降りすぎたせいです。なぜなら、一六六一年は比較的温暖だったからです。

一六六一年以降の、一六六〇年代の「残りの年」については、陽の光に恵まれた豊作が記録されています。これら豊作はセヴィニェ夫人〔愛娘に書き送った手紙で一七世紀のフランス社会を鮮やかに描き出した〕に以下のようにいわせています。「私は、小麦の山の上で飢饉だと叫んでいます」。というのは、豊富にあるため小麦の価格が下がり、この貴婦人の小作人たち（売り手）の資金繰りは、お話しにならないような低い穀物相場の犠牲となったからです。一六六六年の燃えるような夏のロンドン大火の折り、サミュエル・ピープス〔英国海軍官吏。一七世紀半ばのロンドンを活写した日記を残した〕は断言しました。「（乾燥していたので）すべてのものが可燃物だった。石さえもだ」。これとは反対に、一六七五年夏は、一六七六年から一六八七年までは全体として他の年の何倍も暑かったのに対して、非常に寒くて雨が多かったのです（M・ラシヴェール[3]〔フランスの歴史学者〕と、ゴードン・マンリー〔イギリスの気候学者〕およびマイク・ヒューム[4]〔イギリスの気候学者〕作成のイングランドの年気温データ系列を参照）。これら暑さのせいで、アルプス氷河がやや収縮しさえしました。一六八五年の少し後、グリンデルワルトの有名な岩の「インゼル〔氷河の上に露出した小島のような岩〕」が一時的に露出しました。一六八四年（レーゲンスブルクの和約）と一六八五年（ナントの勅令廃止）は、豊作と小麦の低価格の年であり、ルイ一四世が大軍を引き連れて（廉価なパンのせいで兵を養うのが容易）、ヨーロッパの中央に威を張っているのをみることができます。

(1) 小氷期における特に寒冷な強力な時期、別名「超小氷期」。
(2) *Six contemporaneous Revolutions*, R. B. Merriman (Oxford, 1938).
(3) Marcel Lachiver, *Les Années de misère : la famine au temps du Grand Roi*, Paris, Fayard, 1991.
(4) Mike Hulme, *Climates of the British Isles*, N. Y. Routledge, p404 以下。

11 マウンダー極小期とは何ですか?

マウンダー極小期とは、なによりも、特にルイ一四世治下の、コルベールによる偉大な世紀の典型的な科学的創設物であるパリ天文台における、ガリレオ以後の観測結果によって定義されたものです。R・ヴォルフというドイツの天文学者が、一八五六年から一八六八年に、パリ天文台とフランス科学アカデミーのアンシャン・レジーム期の古文書によって、年ごとの太陽黒点の数を数えました。その基礎の上に立って、やはりドイツの天文学者シュペーラーが、ライプツィヒの天文雑誌に掲載された論文（一八八七年）において、一六四五年から一七一五年の間、黒点がほとんど消えていたことを明らかにしました。これらの観察結果と計測は、いくつかの補足データを加えられて、E・W・マウンダーというイギリスの天文学者によって、一八九〇年、一八九四年、一九二二年の、*Knowledges*という雑誌に掲載された三つの論文で再び取り上げられました。不当にも「マウンダーの」といわれている極小期、もしくは「黒点ストライキ中の太陽」が最も重要なものです。この他に二つの短期の極小期が確認されています。ひとつは一五五〇年から一五六〇年前後のシュペーラーの極小期と呼ばれるもの、もうひとつは一八二〇年頃のダルトンの極小期と呼ばれているものです。さらに一三〇〇年から一三二〇年頃のヴォルフの極小期を付け加えることができます。

太陽のような天体には、時々極小期があることは知られています。J・A・エディー〔アメリカの気候学者〕は、一九七六年の雑誌『サイエンス』において（「無謬《むびゅう》の太陽王」〔上記「謬」と訳出したtacheという語には、黒点の他、欠点という意味もある。マウンダー極小期に在位した太陽王ルイ一四世を暗示している〕）、このマウンダー極小期を、一七世紀についてよくいわれる小氷期と関係づけています。それ以来地球にとって重要とみなされるようになったこの極小期（一六四五年から一七一五年）は、エディーによれば、小氷期の「最長期」を引き起こした（?）、太陽のわずかな放射不足を生じさせた可能性があるということです。北半球規模でみると、ジョーンズとマンの研究は実際、一七世紀全体について、前述の基準期間と比べて少なくとも〇・四℃から〇・五℃程度の違いがあったことを示しています。たしかに、やはり一七世紀においてですが、一五七〇年から一六三〇年の間、もうひとつ冷涼期がありました。これはマウンダー極小期とは無関係で、小氷期の強度な時期（別名超小氷期）に対応します。

綿密な研究、特にK・ブリッファとM・ラシヴェールの研究は、マウンダーのこの期間（一六四五年から一七一五年）は、北半球では、暑くはないにしても結局は「さほど冷涼ではない」時期を、含んでいた可能性があることを示しました。ともかく、フランス・スイス地域では、マウンダー極小期は内部的に対照的な時期がありました。ルーターバッヒャーは、二〇世紀末にイギリスで開催された「マウンダー極小期から温室効果まで」と題されたシンポジウムにおいて、一七世紀末の冷涼化、特に一六九二年―一六九三年にフランスで起きたものや一六九七年のもの（スカンジナビア地方、スコットランド、フィンランド）のような、飢饉を引き起こした冷涼多雨な夏について強調しました。フィンランドでは、この冷涼化のせいで人口が二〇％減少しました。現在では、この期間についての見解はさらに入り組んでいます。北半球、特にヨーロッパにおける冷涼化は、一七世紀については是認できます。それは、太陽の放射のわずかな減少（?）によるものなのか、それともわれわれが見落としがちな火山活動あるいは大気による気候変動、もしくは「北大西洋変動[1]」等によるものなのでしょうか。この程度の範囲でさえ、やや冷涼な時期が一七もみられます。反対に、ヨーロッパ地域において、比較的強い（明白な）冷涼期は、特に夏についてみられます。それらのうち四つを挙げます。一六四八年、一六四九年、一六五〇年と三年続いた冷涼な夏。これは、穀物に害をもたらし、フロンドの乱の間、不満（パンの高価格）を増長させうる状況でした。一六七三年から一六七五年の夏（セヴィニエ夫人は、これについて一六七五年に以下のように書いています。「太陽と季節の様子がすっかり変わってしまいました」）。一六八七年から一七〇〇年の夏。これは（すでに言及した）一六八八年から一七〇〇年のイングランドにおける全体的に冷涼あるいは非常に冷涼な一三年間の夏（M・ヒューム）と、穀物の成熟不足による有名な飢饉の時期。最後に、一七〇九年から一七一七年あるいは少なくとも一七一五年までの夏。ファン・エンゲレンの指数とブドウの収穫日によって冷涼だったとわかる期間です。

全体として、一六四五年から一七一五年の期間は、一貫して寒かったというよりはむしろ、変動があったということです。さらに、これら様々な図式は、最近、なんと、ルーターバッヒャー本人の研究成果によって変更されたのです！　マウンダー極小期は、Ph・ジョーンズやM・マン等の世界中の気候学者によって認められました。しかし、ルーターバッヒャーが、『サイエンス』（二〇〇四年三月五日）に掲載された論文で、ロシアからジブラルタルまでの、ヨーロッパの気候の異なる地域についての研究の結果証明したように、ヨーロッパ規模の地域的多様性がわかったのです。一七世紀の冬は寒かったにしても、マウンダー極小期真っ只中の一六八五年から一七三八年の間、冬の平均気温のわずかで漸進的な、再温暖化のベクトルがみられます。これは、一七〇九年の冬のように、いくつか厳しい冬が不意にあったにもかかわらず、この五〇〇年の間に匹敵するもののない再温暖化です。このささやかな再温暖化は、とにかく、おおざっぱにいって、一九八八年以来非常に寒い冬がない現代のフランスの状況[2]とは比べものになりません。夏については、再温暖化傾向は、一時的でささやかではありますが、はっきりと一七三一年から一七五七年まで続きます。それはそれとして、フランスでは、「マウンダー極小期」真っ只中に、特にコルベール時代の一〇年間（一六六〇年代）のような、暑い夏のすばらしい連続がいくつかあっただけでなく、M・ラシヴェールが証明したように[3]、少なくとも一六八一年から一六八六年の間の豊作をもたらした、非常に温暖な夏が続いた一六七六年から一六八六年の期間もあったのです。一七〇四年から一七〇七年の期間もまた、赤痢を発生させるというかなりの危険をともなった暑い夏の連続でした。フランスでは、二〇〇万人の不慮の死者が出ました（子供等の脱水症、乳児期中毒症、下痢）。ここでは、可変性は非常に重大でした。

（1）*North Atlantic Oscillation.*

（2）フランス気象庁（トゥールーズ）のM・ダニエル・ルソーが親切に見せてくれた全国年次グラフ。
（3）前掲書 *Les Années de misère : la famine au temps du Grand Roi*, pp.248-254.

12 一七〇九年の冬はなぜ記憶にとどめられているのですか？

典型として、一七〇八年—一七〇九年の冬に注目してみましょう。これは、一六八四年以降、当時の温度計観測による最初の「最低気温」の冬としてよく知られているものです。[1] ユルク・ルーターバッヒャーによれば、[2] 一七〇九年一月と二月に、ヨーロッパとロシア西部における通常年の平均気温を三℃下回る、過去五〇〇年間に知られたうちで最高の寒さを記録しました！

このような冬は、一七〇〇年から一九〇〇年の間に固有の条件を考慮すると、非常に稀にしかありません。現在の再温暖化を考えると、「一七〇九年」は、一〇万年に一回しか出現しえないでしょう！　この冬は、逆説的にも、冬の平均気温についてかなり明確な漸進的再温暖化の時期（一六八五年から一七三八年）に現れたのです。数十年間、一世紀間あるいは世紀単位の可変性の結果であり、おおざっぱにいえば、小氷期の状況にある数世紀という非常に長い期間とは対照的に、中期（一八世紀）的なものです。

特に一七〇九年一月五日から七日まで、〇℃の線が前進するのが観測されました。[3] マイナス二〇℃の北極寒波が時速四〇キロメートルの速さで南下したのです。一月七日真夜中、寒波はピレネー山脈に達し、ペルピニャンのオリーブの木とレモンの木に致命的なショックを与えました。一七〇九年についてのラシヴェールの地図は、アイスランドから地中海にいたるこの北極寒波の侵入を視覚的に描いています。凍るような寒波は、スペインのかなり西、モロッコの南西に押し戻されたアゾレス諸島高気圧の東方にあります。長期間居座ったこの一七〇九年の冬は、冷涼な夏（一七〇八年）に引き続いて、以下に数字をふられた、七つを下らない大寒波を数えました。すなわち、以下の七重奏です。（1）一〇月、（2）一一月、（3）一二月、（4）一月、（5）二月四日―一〇日、（6）二月二二日―月末、（7）三月一〇日―一五日。最も多くの死者を出したのは、最も厳しかった（4）の寒波です。そればかりではなく、この寒波は、保護してくれる雪に覆われなかった穀物をも殺しました。コルメラ〔『農業論』を著した古代ローマ人〕流に春に播いた大麦のおかげで、人々は生き延びました。C・プフィスターによれば、シベリア高気圧タイプの高気圧だったら、大量の北極大気とともに東もしくは北東からやってきただろうから、その影響はナポリやカディスにまでおよんだことでしょう。スペインでは、エブロ川が氷に閉ざされました。グリーンランドは、シーソー効果によって難を逃れたにしても、ストックホルムは四月になってもまだ霜が降りました。パリでは、一九日間マイナス一〇℃を記録しました。南国的なオリーブ畑は全滅し、代わってブドウに置き換えられることになります。災禍は一六九三年の飢饉ほどではないにしても、これらの結果、死亡率の上昇がみられました。小麦価格は上昇し、一七〇八年六月に一スティエ〔昔の穀物の量単位。一五〇から三〇〇リットルに相当〕が九リーブル〔フランスの昔の貨幣単位〕だったのが、一七〇九年三月に二五リーブル、一七〇九年五月・六月には四五リーブルになりました。少なくとも五倍になったのです。リガ、ストックホルムからナポリ、カディスまで、すべての川と湖が凍りました。より海洋性気候のイングランドはあまり影響を受けませんでしたが、ロンドンは、クリスマスから三月末まで氷点下の気温でした。フランス、イタリア、スペインならびに北部諸国はすべて影響をこうむりました。海は、多かれ少なかれ沿岸が部分的に氷結し、バルト海は一七〇九年四月八日まで氷に覆われました。河川も同様で、ムーズ川はナミュールまで凍りました。コンスタンス湖とチューリッヒ湖は、馬車で渡ることができました。多くの種類の昆虫や鳥が全滅し、樹木は白木質まで凍ったことを年輪が証明しています。フランス南部は、おそらくパリよりも寒かったのでしょう。プロバンス地方ではオレンジの木が枯れました。人々は、シャグマユリ、マムシグサ、ハマムギを食べました。オート麦のパンがマントノン侯爵夫人〔ルイ一四世の愛人として栄華を極めた〕の食卓にまで出たのです。劇的な解凍は、ロワール川にいくつもの解氷による大洪水を引き起こし、樹木を引き裂きました。被害状況は、一六九三年―一六九四年（一三〇万人以上の死者！）ほどではないにしても、フランスでは平年より死者六〇万人増（一七〇九年の寒さ、飢饉、栄養不足、それにともなう伝染病）となりました。

（1）Christian Pfister, *Wetternachhersage, 500 Jahr Klimatvariationen und Natur Katastrofen*, Verlag Paul Haupt, 1999.
（2）J. Luterbacher et al, revue *Science*, vol. 303, 5 mars 2004.
（3）Christian Pfister 前掲書による。

13 「厳冬」とはどのようなものですか？

「厳冬」という概念は、寒さの持続期間——任意の一ヶ月について少なくとも二、三週間——と河川や湖に生じる凍結にかかっています。ルイ一四世時代の温度計観測者、ルイ・マレンのデータ系列のおかげで、一七〇九年冬の気温がわかっています。[1] パリでは、一月一〇日から二一日まで、温度計はマイナス一〇℃からマイナス一八℃の最低気温を記録し、そのうち一月一三日、一四日、一八日、一九日、二一日は超低温で、この月は多くの地植えの苗を凍らせました。

クリスティアン・プフィスターは、一二月、一月、二月の三ヶ月が「冬」と呼ばれていることを知っていたので、他の「シベリアのような冬」の目録を作成しています。

＊一九六二年―一九六三年　ファン・エンゲレンの等級の指数八（非常に厳しい）[2]。スイスでは基準期間を五℃から六℃下回り、一二月、一月、二月の三ヶ月の平均気温はマイナス一・八℃。

＊一九五六年二月　指数八。やはり非常に厳しかった一八七九年一二月以来、フランスで最も寒い月。

＊一八七九年―一八八〇年　指数七（厳しい）。一八七九年一二月は、基準値期間平均を大幅に下回る。

＊一八三〇年　指数九（極度に厳しい）。

＊一七四〇年　指数八（非常に厳しい）。冷涼多雨な春夏と飢饉に近い状態が後に続いた。

＊一七〇九年　指数八。実際は指数九といってもよい！

＊一六八四年　指数九。イングランド中央部で一二月、一月、二月の平均気温はマイナス一・二℃。

＊一五七二年―一五七三年　指数八。基準期間平均と五℃もしくはそれ以上の気温差、一五六五年と一七四〇年のように非常に冷涼な夏が後に続いた。

＊一五六五年　指数九。冷涼多雨な（ファン・エンゲレンによれば、涼しい）夏が後に続き、非常に深刻な食糧不足の出発点であった。

＊一四八一年　一七四〇年と同じく指数八。冷涼多雨な春夏の後に続き、これらすべてが、ルイ一一世治下で深刻な飢饉を発生させた。

＊一四〇七年——一四〇八年　寒波が一一月から活発になり、一四〇八年二月五日まで退散しなかった。ファン・エンゲレンによれば、指数九の厳しい冬のひとつ。

＊一三六四年　一月一三日から三月二五日までライン川が氷結、二ヶ月半の間ボローニャで氷点下の気温。しかし、小麦は被害を受けなかった。おそらく、厚い雪が保護したためと思われる。指数九。

ファン・エンゲレンによって目録に挙げられた、八つの指数九の厳しい冬（そのすべてについて上記のリストで言及しはしませんでした）のうち七つは、一三〇三年から一八五九年の小氷期の間に出現しました。八つ目は、一〇七七年だそうです。

（1）前掲書 Marcel Lachiver, *Les Années de misère : La famine au temps du Grand Roi* 参照。

(2) ファン・エンゲレンの冬の分類は、1 極度に温暖、2 非常に温暖、3 温暖、4 やや温暖、5 正常、6 寒冷、7 厳しい、8 非常に厳しい、9 極度に厳しい、である。Van Engelen, Buisman and Unsen, "A millennium of weather, wind and water in the low countries," in P. D. Jones *Histry and Climate, Memories of the Future?...*, Kluwer Academie, 2001, pp.110-121.

14 フランス、特にパリにおける過去数世紀間の大洪水はどのようなものでしたか？

ここでは、セーヌ川の、「一〇〇年に一度」といわれるいくつかの洪水を取り上げることにしましょう。それらは、原則として、一世紀に一回起きています——それらの頻度は、一〇〇年間隔よりは少し多いのですが。

＊一六五八年　セーヌ川の（解氷による）洪水は、一九一〇年の水位を三〇センチ上回りました。

＊一七四〇年　極めて重大な洪水。それらはアラゴ（一九世紀前半、セーヌ川の利水とパリへの水供給の分野で活躍した学者・政治家）とバクーシュ夫人の研究『セーヌ川とパリ（一七五〇—一八五〇）』によってよく知られていますが、非常に冷涼で不作の年の後、一二月

に起きています。ロワール川、セーヌ川（一〇〇年に一度の洪水）、ドゥー川、シャラント川の流域が被害にあっています。

＊一八〇二年　一八〇一年一二月から一〇〇年に一度の洪水。セーヌ川、アリエ川、ライン川、モーゼル川、アドゥール川、シャラント川の水が河床からあふれ出ました。一八〇二年一月、状況は悪化します。再びセーヌ川が氾濫、そしてビエーヴル川、ヨンヌ川、マルヌ川、ローヌ川、ソーヌ川、ブリュッシュ川、オルヌ川等が氾濫。

＊一八五六年　南仏、特にカマルグで洪水。おかげでこの地方はナポレオン三世とその妃、子息の、巧みに演出された訪問を受けました。

＊一九一〇年〔**口絵③**〕　一月に起きたこの洪水は、ヨーロッパ全域で小麦が不作（さらにワインの品質低下）となった冷涼多雨な一九一〇年という年を予告しました。一九〇九年一二月はすでに非常に雨が多かった。一月の最初の一〇日は雨が降らなかった。しかし、一一日、降雨が再び始まりました。セーヌ川とマルヌ川の水位は上昇し、大地は水を含んだようになりました。それが、川の最初の「上昇」運動でした。一月一一日から二〇日まで、二「グループ」の大量降水が続き、一九一〇年一月二三日から二五日にかけて、その前のものよりやや減少した三つ目の降水がさらに続きました。これら連続する三つの「降

水期」は、大増水を決定的にしました。

パリにおけるその結果は大変なものでした。それ以降、セーヌ川は河岸をより高くし、たくさんの橋を架けたのです。増水は、いつも程度のものだったかもしれませんが、このような防御設備整備を促進したのです。一月一九日から、セーヌ川とマルヌ川はその河床からあふれました。一月一八日から二一日にかけて、一二〇ミリの雨がシャトー＝シノンに降り、一〇三ミリの雨がセーヌ川の水源地帯に降りました。当時地下鉄が建設中でしたが、セーヌ左岸の下水収集管の水が建設現場に溢れ出ました。いくつもの水たまりができ、特にサンラザール駅前がひどい状態でした。オーステルリッツ駅とオルセー駅が浸水し、電気が止まりました。二一日から二八日は「恐ろしい一週間」でした。地下鉄と鉄道の不通――馬車が復活しました――、ガス管の損傷、電話の不通。代議士たちは、暗闇の中をボートに乗ってブルボン宮〔国民議会所在地〕に駆けつけました。一月二八日、オーステルリッツ橋で、増水は八・六二メートルに達しました。これが最大値でした。左岸が最も被害を受けました。モンテーニュ大通りがセーヌ川と交差する地点から下流、川から一〇〇メートルから一キロの地域が浸水しました。一月二九日から減水が始まりました。それから、泥との戦いが始まりました。一五〇〇から二万の建物が被害を受けました。ガスは三月まで、電気は五月まで復旧しませんでした。この災害はユダヤ人のせいだという噂が流れました！

次の百年に一度の洪水はいつでしょうか。気候傾向は、温室効果のもとでは、少なくとも南の地方ではどちらかというと干ばつに向かっているようです。しかし、北の地方について考えると、将来湿潤化が強まる方向に向かっているようにみえはしないでしょうか。二〇〇七年の数度のイギリスにおける洪水をご覧ください。一九二四年一月、一九五五年一月、一九八二年一月、二〇〇一年三月に発せられた、パリ、セーヌ川の洪水警報を挙げましょう。

15 ルイ一五世治下の「解氷」（語の多様な意味で）について何が語れるのですか？

一八世紀は、J・ルーターバッヒャーによれば、ある種の再温暖化を経験したということは確かです。それは、アルプス氷河のわずかな後退——依然として小氷期に特徴的な、かなり巨大な規模で広がっているにしても——に表れています。この再温暖化は、大幅な人口増加によって示されるように、ヨーロッパの農業さらには中国の農業にまでも、プラスの影響を与えたのでしょうか。それは大いにありそうなことです。しかしながら、この同じ現象はまた、危険なものともなります。なぜならそれは、マルセル・ラシヴェールによって充分研究された一七〇四年から一七〇七年、特に摂政時代の一七一八年から一七一九年の場合がそうであったように、猛暑と赤痢を発生させたからです。後者の時代には、二回の夏の猛暑が続き、一七一九年には、主に赤子と子供を中心に四五万人の死者を出す原因になりました。このような死の蔓延は、人口統計学者が容易に計算できるように、摂政時代のほぼ三倍の六千万人を数える今日のフランスの人口に換算すれば、一三〇万人の死者に相当するでしょう。一七一九年の赤痢の原因は、過度の蒸発、それからあまりにも水位の下がった河川の細菌汚染をもたらした、いきすぎた暑さに求めるべきです。同じことが、二〇〇三年の猛暑の時、特にポー川で再び起きましたが、子供たちには重大な結果を招くことはありませんでした。それにひきかえ、犠牲になったのは高齢者でした。

フィリップ・ドルレアンの摂政時代は、ルイ一四世の厳しい治世の後の、政治的緊張緩和の時期としてよく知られています。しかし、ドム・ルクレールを初めとして、摂政時代を研究する歴史学者のうち誰一人として、人口統計学者とマルセル・ラシヴェールを除いて、一七一九年の悲劇的な気象による死亡事象の詳細について言及していないのです。同様の不慮の出来事が、一七四七年の暑い秋、そして一七七八年から一七八一年の焼けつくように暑い夏が続いた一七七九年に再び起きました。F・ルブラン〔フランスの歴史学者〕とJ-P・グベール〔フランスの社会・経済史学者〕が示したように、これら二つの時期にそれぞれ二〇万人ずつの死者が出ました。二〇〇三年のように、ロワール渓谷（暑い空気の湾でしょうか？）が殊に被害を受けました。この「ローカルな」悲惨な現象は、猛暑の時期において、どこかの地域に被害をもたらす気団の位置のせいだとすべきでしょうか。一七七九年、二〇〇三年、そして……

以上とは逆に、一七二三年以降のルイ一五世治下、それまでと異なった時流においては、一七二五年という年は「五里霧中」の年でした。とても暗く、曇りがちで、雨の多い夏の後、食糧不足が人々を脅かして（不作）、パリを中心に多くの食糧暴動が発生しました。（一五年後にも、似たような状況で、高齢な宰相である枢機卿フルーリに対して暴動が起きました。「人民は飢えで死につつあった、枢機卿は恐怖で死につつあった」。）しかし、一七二五年には、いかなる戦争も、通商および海上状況を掻き乱しにきはしませんでした。一七二五年の偽りの飢饉については、結局そんなものは起きなかったと、きっぱりと言うことすらできます。それはジロドゥー〔フランスの劇作家、一八八二年―一九四四年〕風の劇でした……。それはまた、ルイ一五世のフランスにおいて、王とその愛人たちが引き起こした飢饉の陰謀症候群の始まりでもありました。中傷、たしかにそうです。しかし、それが後に、フランス革命の動機と勃発に与えた影響は無視できません（王妃のネックレスについての途方もない「デマ」と同様です）。

一七四〇年がやってきて、冬から秋、そして一二月の洪水まで、寒くて湿潤な季節が続きました。フランスの北部と南部、そして西ヨーロッパ諸国の大多数でも小麦の収穫の一部が損なわれ、イギリスも含めて、一七四〇年いっぱいと一七四一年春の間、栄養不足と死が発生することになります。

16 「気象」条件は、フランス革命の勃発に何らかの役割を果たしましたか？

因果関係について語ることはよしましょう。それは単純化であり、滑稽でさえあります。ですが、気候と気象、あるいは気候もしくは気象はしばしば、この大革命のいくつかの様相と、革命にいたる様々な下地の接線であるといっておきましょう。

ある程度の距離から考察すると、フランス革命は特異な気象状況の中に置かれています。一七六〇年前後に、いくつかの晴れて暑い夏が続いています[1]（一七五七年から一七六四年）。しばしば実り豊かな収穫をもたらす、陽射しあふれた好条件のこうした連続は、王と政府の決定により、フランス政府を小麦取引の自由化実施に踏み切らせました（一七六四年）。これは、他にもあるいくつかの出来事のうちの、ショワズール（アンシャン・レジーム末期、ルイ一五世治下の外務卿〕の自由主義の輝かしい成果のひとつです。しかし、一七六五年から一七七一年、冷涼な夏が、時には多量の雨をともなって打ち続いて、穀物生産を損なうことが明らかになりました。こうして、重大な危機によって「ご都合主義の窓」が開き、特に一七七〇年の危機の時がそうでした。この危機は、英仏海峡の両側で不作になったことが特徴で、それは、一七六九年の秋が寒く、その後に過度に温暖な冬がきて、さらに一七七〇年に冷涼多雨な春と夏が続いた結果です。小麦不足のため、少なくともフランスでは、統治者たちは、一七六四年に始まった穀物取引の自由を廃止することを余儀なくさせられました。自由経済主義者ショワズールに代わって、一七七〇年、モプー〔ルイ一五世治世末期の大法官〕の専制的な政府が登場しました。この政変には無数の原因があり、食糧問題はこの場合、必ずしも最大のものではなかったのですが。小麦とパンの取引の自由化あるいは規制という考えについては、後に、二つの世界大戦の経験が、食糧不足期においてはパンの価格と配給切符管理を維持することが必要だということを証明することになります。二つの世界大戦中の食糧管理の復活は、一七七〇年に始まった穀物不足期に専制的な同類を持っていたのです。

一七七二年に始まる期間は、一七七二年から一七八一年の間、暑い夏のグループのかなり頻繁な出現によって特徴づけられることになります。しかしながら、一七七四年という、寒くはないが湿潤な年について述べておく必要があります。この年の小麦の平年以下の収穫が、一七七五年春に「小麦粉戦争」を引き起こしたのです。パリ周辺の多数の地域で起こったこの非常に広範な食糧暴動は、フランス革命を準備する一七八八年と一七八九年の前半の食糧暴動と比べれば、常に繰り返される程度のものということができるでしょう。この気候穏和な一〇年(一七七二年―一七八一年)の間、アルプス氷河は少し後退しましたが、それにもかかわらず、小氷期らしく非常に雪の多い冬が、かなり巨大な氷河規模を維持しました。一七七四年(七三年秋は湿潤、七四年冬・春・夏は温暖だが過度に湿潤)は、穀物の不作を引き起こしました。この不作は、一七七五年春に、先に述べた暴動につながり、そのせいで一人の若者が、無実だと抗議したにもかかわらず、絞首刑になりました。テュルゴー〔ルイ一六世治世期の財務総監〕は、知っての通り、七四年の収穫は平年以下であるとわかっていたにもかかわらず、タイミング悪く、七四年秋に小麦取引を自由化していました。

次に、一七七八年から一七八一年の、四つの暑い夏という驚くべき時期がきました。その結果は、質量共にすばらしいワインの生産過剰でした。地中海地方生まれの植物であるブドウの木は暑さを好みます。ブドウの北限に位置するフランス北半地方においてはなおさらです。ワインの生産過剰による危機は、より涼しくなったにもかかわらず、一七八二年まで続きます。

なぜなら、（一七八一年の）暑い夏が、ブドウの木を育てて、翌年の豊かなブドウの実の収穫を準備したからです。エルネスト・ラブルース〔ル＝ロワ＝ラデュリが師事した、アナール派の社会経済史学者〕は、このブドウの過剰生産を、卓越した方法で研究しましたが、そこに、フランス革命にいたる経済危機の一端をみようとしました。それが、（とりわけ）ワインの生産過剰の大洪水の結果である、彼が一七七八年から一七八七年の「低価格の悪循環」と呼んだものです。

しかし私は、一七七八年から一七八七年の危機の一〇年間について語れるとは思っていません。それは実際、価格の、よきデフレーション、すなわち好適な気象によって促進された大量の生産物のおかげで起こった、小麦の相場低下の期間です。経済成長、農業や植民地や繊維産業の繁栄……、もし危機について語ることができるとすれば、主に一七八八年についてです。一七八五年の干ばつは、ウシとヒツジの死については確かに多少トラウマ的でしたが、小麦の量的不足は引き起こしませんでした。したがって、この干ばつは、革命前夜の不満にいたる要件とみなすことはできません。農民は難儀をしていました。しかし、まぐさの欠乏のせいで家畜の屠殺がたくさんおこなわれたために、肉は高すぎるということはありません。都市住民はその恩恵にあずかりました。

一七八七年から一七八八年にかけての農業気象学的問題によって、ついに私たちはここに、フランス革命の無数の要件のうちのひとつに取り組むための、確固たる地歩を占めるにいたりました。一七八七年、特に秋は、非常に湿潤でした。雨が種播きの妨げになりました。乾燥して暑い一七八八年の春と夏は、穀物の日照り焼けを引き起こし、その後、七月一三日の雹、八月の雷雨と続きました。シャワー効果(一七八七年)。サウナ効果(八八年春)。再びシャワー効果(八八年夏)。これらの総体が収穫を三分の一減少させて、小麦価格を大きく上昇させ、広範に不満を生じさせました。したがって、八八年夏から一七八九年七月一三日までの期間に食糧暴動が起こり、その数は増え続けたのです。これら暴動は、政治闘争を準備し、それ自身も食糧的要件から切り離せない八九年七月一四日の前夜(七月一三日を含む)にいたるまで、危険な暴動の芽をまき散らすのに貢献しました。

革命には他に多くの(極めて多くの)原因と、ジョレス〔フランスの社会民主主義者。著書『フランス革命の社会史』。一八五九―一九一四〕の言葉によれば「引き金」があるにしても、一七八八年―一七八九年の収穫後は、挑発的な後押しをし、時代の流れに宏大な断絶を画す錨を投げたのです。これは、直接的で非常に局部的ではある前奏曲的事象ですが、政治的、経済的、文化的、そしてそれらよりも千倍の抗議を申し立てる食糧に関する原因といった、複数の因子によって多元的に決定された、一七八九年の「津波」に結びついています。

（1）Mike Hulme, *Climate of the British Isles*.... London, 1997, p.405.

17 フランス革命中の「農業気象学的」状況は、何らかの社会・政治的影響をもたらしたのですか？

なるほど、（たとえば）革命前夜のある種の物語性のクリーム・タルトである、一七八八年―一七八九年の厳冬は、気管支と肺の疾患による死者を何人か出しました。イギリスも含めて、氷結によって水車が数週間止まりました。テムズ川からくる水を石炭で温めなければなりませんでした。しかしその原因は、こうした劇的な冬のはるか前、一七八八年の収穫時からわかっていました。この年の収穫では、在庫すべき穀類量の三分の一が不足でした。この不足量は、一七八八年―一七八九年の収穫期後の小麦価格を二倍にするに充分でした。そうはいったものの、ひとたび革命のプロセスが始まってしまえば、こうしたささやかな気象的因果関係はまったく忘れ去られ、八九年の現象の非気象的因果関係の洪水の中にほぼ埋没してしまいました。

これらとは反対に、次に、一七八七年から一七九四年の年平均気温に関するかなり明確な高温期の典型的なものである、暑い夏の期間を思い起こす必要があります。一七九四年の夏[1]は、まさに問題となるのはこの夏だからですが、「ジャコバン派と山岳派による」革命の終焉（テルミドール反動（共和暦熱月（現行暦の七―八月）九日の、ロベスピエール派に対するクーデター））と一致しています。実際、重大な政治的問題（恐怖政治、ロベスピエール、テルミドール九日）を脇に置くことができるなら、暑かった一七九四年は、暑いだけでなく気象学的に不安定でした。春の高温乾燥のサウナ効果（日照り焼け）と、引き続く変わりやすい悪天候（にわか雨、雹、雷雨）が頻発した夏に特徴づけられて、すべてがイギリスにもフランスにも等しく、一七九四年の不作をもたらしました。さらに、イギリスだけについて、一七九四年……そして一七九五年の二つの不作のことを語らなければならないでしょう。後者は、一七九四年―一七九五年の厳冬によって種播き時に被害を受けたものです。こうした図式――暑い夏、次いで厳寒――は、一七八八年（夏の悪天候をともなう暑い春・夏と、引き続く八八年―八九年の厳冬）と対称的にみえます。一七九四年の収穫におけるフランスでの小麦不足（小麦は、あるいは日照り焼けにあい、あるいは先に述べた現象によって、極度に湿気に冒された）は、九四年の大幅な収穫減少をもたらし、理の当然、穀物価格の大上昇を招来しました。フランスは戦争中であり、イギリスの海上封鎖を受けていただけに、ことは一層深刻でした。こうして、九四年―九五年の収穫後、フランスはほぼ飢饉のような状況になり、少なからぬ死者を出しました。九五年牧月（共和暦の第九月。現行暦の五月二〇日―六月一八日）の大規模な食糧暴動（穀物倉が空っぽになったため）は、フランスだけに限られる事態ではありません。イギリスもまた、E・P・トムソンが指摘するような同様の暴動を経験しました。これらの暴動は、すでに播かれていた小麦に対して恐ろしく過酷だった、一七九四年―一七九五年の厳冬によって引き起こされた、新たな小麦不足の結果、繰り返し発生したものです。これに対してフランスでは、同様の暴動はテルミドール派によって一七九五年牧月早々に鎮圧されました。これは、われらがフランス革命の、過激期の終焉を象徴する流血事態でした。八八年がフランス革命の「発火点」であったように、九四年―九五年の二年間は「サンキュロット〔革命過激派〕の終焉」（リュデ〔フランスの歴史学者〕）を示しています。

他方、本来的に革命的な時期（一七八九年―一八〇四年）は、食糧暴動と輸送の困難さが複雑化した経済体制の崩壊とによって際立っています。しかしそれは、一七八九年から一七九三年の不作によって特徴づけられているようにはみえません。(2) 記憶すべき二つの時期が、気象的並びに農業的悪条件という点で、一七八八年と一七九四年にまったく偶然に重なったのです。

（1）Labrijn, *The Climate of the Netherlands during the last two and half centuries*, S-gravenhague, 1945, pp.108-112 参照。特に図表。

（2）食糧暴動については、Georges Lefebvre, Mathiez、さらに Albert Soboul, Guy Lemarchand, Richard Cobb, E.P. Thomson, J.-P. Bardet の研究を参照。

18 気候によって発生した不慮の食糧危機に対する、「ボナパルト的経営」はあったのですか？

ヨーロッパにおけるナポレオンの政治的影響は、当時の経済的問題に対する対策を左右しました。これらの経済的問題は、戦争と当時の気象に起因する出来事とによって生じた食糧問題によって引き起こされることもありました。ナポレオン帝国以前、一八〇二年は、よくあることではありましたが、気候的悪条件による収穫不足の結果、小麦（そしてワイン）の観点から非常に厳しい年でした。並外れて湿潤な一八〇一年—一八〇二年冬は、特に一八〇二年一月のフランスのほとんどすべての河川で起きた大洪水によって記憶されています。この時パリでは、一六五八年、一七四〇年そして一九一〇年のような、百年に一度の洪水が起きました。(1) この湿潤な冬の後に、過度に乾燥した春（一八〇二年三月、四月、五月）がきました。経済と人間におよぼした結果は、相対的な食糧不足と人口（結婚と出生の減少、付随的に発生した伝染病による感染死の増加）の面で重大なものでした（厳密には、特に一八〇二年について）。この危機に対して、第一統領は古典的な反リベラリズム的対応をもって応えました。自由価格の廃止、パリのパン生産の統制、備蓄の創設です。この後、イギリスとのアミアンの和約締結（一八〇二年三月）によって、少なくとも一時的に、穀物の輸入が可能になりました。これによって、特にパリでは、状況が緩和しました。

後の局面では、イギリスは一八〇六年以降、大陸封鎖令によって孤立し、全地球的に冷涼な年が（一八〇七年から一八一四年まで）続いて……焼けるように暑い一年（一八一一年）があったため、平年並み以下の収穫（一八〇八年、一八一〇年）や不作（一八〇九年、一八一一年、一八一二年）に連続して見舞われました。これらは食糧暴動を発生させました。これに対して、帝政フランスは、一八〇四年から一八一〇年まで、七、八回の豊作もしくはまあまあの収穫を連続して経験しました。(2) 当時非常に穀物が豊富だったので、フランスは、一九世紀の最初の一〇年間、小麦を輸出するほどにまでなり、良かれ悪しかれ、一八一一年の不作時には、革命政権と帝国によって征服された「姉妹属州」（ラインラント、ベルギー、オランダ）から運ばれてくる「補償料」を当てにすることができました。時折発生する食糧暴動はといえば、直ちに鎮圧されました。帝国警察はよくできていました。

一八一一年は一七八八年の再来のようにみえましたが、しかしそれは、強力な国家の「庇護」のもとでのことです。一八一一年の春と夏（特に春）は、燃えるように暑く、フランス、イギリス、スイス、イタリア北部、スペインで日照り焼けと干ばつを発生させました。平年より早いこの年のブドウの収穫は、西ヨーロッパの天空を彗星が横切ったために名付けられた、有名かつ上質の「彗星ワイン」の名を想起させます。私たちは食糧不足に至る過程にいるのですが、それはおなじみのモデル（一三一五年、一六六一年、一六九三年、一七四〇年、一七七〇年、一八一六年のような、非常に寒い冬、低気圧の春、冷涼多雨な夏）とはずいぶん違うものです。一八八一年は、それらと違って、小氷期にもかかわらず暑い春・夏という、それまでにない連続をしています。小氷期には非常に暑い夏は何度も繰り返しあったのですが（一七七八年から一七八一年、一七八八年、一七九四年、一八一一年……そして一八四六年）。一八一一年のこの日照り焼けの結果である小麦不足は、ベルギー、オランダ、アイルランド、イタリアにまで広がりました。しかし、新たに併合した地域からの様々な余剰穀物が、特に、ほぼ全国的小麦不足に直面して常に騒擾に脅かされていたパリへの食糧供給を保証してくれることになります。食糧暴動、特に女性による暴動が発生しました（カーンとその他ノルマンディー地方の都市ならびにシャルルヴィル）。当時フランスは工業生産の低下と失業の時期にあり、そのため帝国政府は食糧政策を公布せざるをえませんでした。実際、繊維産業の危機は、民衆の購買力が、稀少で高価になったパンに集中した結果です。

（1）Maurice Champion, *Les Inondations en France du VI siècle à nos jours*, Paris, 1858, rééd. Cemagref, 1999.
（2）V.F. Raulin, *Observations pluviométriques (annuelles et biséculaires) dans la France septentrionale* (1881) *et dans la France méridionale* (1876), Paris-Bordeaux, 1876-1881.

19 ラキ事件とは何ですか？

インドネシアのタンボラ火山の爆発（一八一五年）ほど壮麗ではありませんが、アイスランドのラキガール山の噴火（一七八三年六月八日）と、それによって生じた玄武岩の溶岩の巨大な流れが帯状に広がって流出したことは、気候史よりもはるかに科学者たちの関心を引きました。現代の地質学者たち(1)、なかでもクロード・アレグルの弟子で卓越した学者V・クルティヨは、そこに、ペルム紀に起きた動物種の絶滅のモデルを見いだしました。北欧の果ての島（面積一〇万五〇〇〇平方キロメートル）で、五八〇平方キロメートルにわたって、硫黄ガスを噴き上げながら、一五立方キロメートルの燃えたぎる物質が流出しました。アイスランドにおける結果は甚大なものでした。家畜が大量死しました。ウシの半分、ウマとヒツジの八〇％が失われたのです。人間の死亡率は、おおざっぱにいって、島民人口の二〇％（住民五万人に対して一万人の死者）に達しました。人間の死亡についてはいくつもの原因がありました。所有していた家畜を失ったことによる絶対的貧困化、呼吸器からのフッ素と硫黄の混合ガスの吸引等です。ところで、このガスはその後、硫黄煙霧質を含んだ赤い乾いた霧となって、ヨーロッパ大陸、さらにはより遠くまで拡散することになります。

これらの結果は気候学的なものだったでしょうか。そしてまず第一に気温はどうだったのでしょうか。結局、一七八三年の夏、特に七月は非常に暑かったのです（オランダで六月・七月・八月平均二〇・六℃、フランスで平年より早いブドウの収穫）。一七八三年―一七八四年の冬は並外れて寒く、一七八四年二月から三月にかけて大洪水が起きました。フランスの農業への影響についていえば、ない、あるいは有害なものではありませんでした。一七八三年と一七八四年の収穫は、春播き小麦を除けばまったく問題ありませんでした。しかし、ラキ現象のイングランドの人口に与えた衝撃はすさまじく、大変攻撃的なものでした。そこでは、一七八三年八月から、特に硫黄ガスの吸引による超過死亡がみられました。それは一種の集団中毒で、その人口に対する影響（超過死亡）は、それほどひどくはないにしても、一七八四年五月まで続きました。同様の現象はスコットランドと北欧地域でもみられました。ずっと小規模で、より地域的なものはフランスにおいてもみられ、北東地方と南東地方では、八三年夏から八四年五月までの間、（全体として）死亡率の上昇を記録しました。フランスのいくつかの小教区の身分登録簿は、多くの死を招いたと思われる「熱病」を報告しています。この熱病はおそらく、フッ素と硫黄物質を含んだあの赤い霧に結びつけられるのでしょう。このように、ラキというのは、その結果が、地方によって程度が異なりますが、北半球全体に関係のある、火山、環境そして気候に関わる現象なのです。アイスランドの飢饉、イングランドとフランスについては単に一七八三年と一七八四年の死亡率です。間違いなく、「フランス革命の原因」とは少しも関係はありません。この同じ一七八三年には、日本では浅間山の噴火も起きています。その降下物は農民に大損害を与え、日本人の住む土地に大飢饉を引き起こしました。

（1）A. Cheney, F. Fluteau, V. Courtillot, *Earth and Planetary Science Letters*, 236 (2005), pp. 721-731 と J.Grattan, *Lithos*, 79 (2005), pp. 343-353 参照。

20 一八一六年の「夏のない年」についてどのようなことが語れるのですか？

非常に驚くべきことは、一八一二年から一八一七年の間の冷涼な夏に示される、小氷期の重大局面が戻ってきたことです。そして、特に一八〇八年から一八一六年の間、寒くて大変雪の多い冬がありました。アルプス氷河の新たな最大化が、一八一二年—一八一五年頃始まり、一八五九—六〇年まで続きました。近代における第二の超小氷期です。グリンデルワルト氷河とシャモニー氷河が再び増大しました。大西洋低気圧の通り道が南にそれたのでしょうか。

こうした傾向は、その始まりの時点で、一八一五年四月五日午後七時に起きた、インドネシアのスンバワという島のタンボラ山の大噴火によって強められます。火柱が五〇キロメートルの高さまで上がり、タンボラ山は四三〇〇メートルだったのが二八五〇メートルの「高さ」になってしまったのです〔口絵④〕。降灰は七月一五日まで、噴煙は八月二三日まで続きました。八万六〇〇〇人の死者を出したといわれるこの爆発は、一五〇立方キロメートルの塵を大気圏中にばらまいたそうです。したがって、一八一六年は夏のない年になるのです[1]（C・プフィスター）。ロンドンでは、一八一六年六月の月蝕は、前述のタンボラ山から噴き上げられた塵のために観測することができませんでした。ヨーロッパとアメリカでは、平均気温が〇・五℃下がり、それはフランス北部および中央部のブドウの収穫日が裏づけています。一八一六年は、一四三七年から二〇〇三年の間にフランス北部で記録されたことがない、最も（ブドウの収穫が）遅い年でした。一八一六年はまた、一八一〇年代で最も寒い年です。とにかく、一八一二年から一八一七年まではどちらかというと冷涼な期間でした。なぜなら、この時期は小氷期型の再寒冷化のトレンドにあったからです。この年に、メアリー・シェリーは父シェリー〔イギリスの詩人〕とバイロン〔イギリスの詩人〕とともに、雨の中、ジュネーヴ湖近くの山荘に閉じ込められていて、文学の分野で、フランケンシュタインを世に送り出しました。

したがって、アメリカとヨーロッパにおける穀物収穫は落ち込み、小麦は稀少になりました。ルイ一八世治下のフランスは、黒海産の小麦を輸入しなければなりませんでした。というのは、ロシアは塵の降下を免れたからです。ポーランドやスカンジナビア諸国も、多かれ少なかれそうでした。反対に、ヨーロッパの中央と東部（オーストリア、ハンガリー、チェコ、クロアチア）は、旧大陸南部同様、試練に直面しました。スペインとポルトガルでは、オリーブとオレンジの収穫が、一八一六年の多雨で非常に寒冷な夏によって大きな被害を受けました。マグレブ〔アフリカ大陸北西部地域〕地方では、一八一六年―一八一七年の小麦の収穫は悪く、ペストが再び出現しました。タンボラ山の気候的・経済的影響は、インドでも重大でした。気候歴史学者は次のようにいっています。[2] タンボラ山とそれが気象と穀物におよぼした影響によって、我々は世界規模の歴史の一例を目の前にしているのです。とにかく、その国が先進国（イギリス）であるかそうでないか（バイエルン）、あるいはその国が小麦の輸入国であるか自給国であるかによって、地域ごとに結果が様々であるにしてもです。穀物生産の減少にともなって、価格の上昇は至る所で大きいものでした。そのため、食糧不足、栄養不足となり、それが原因で、特に一八一六年―一七年の収穫期後に、ベルギーとフランスで伝染病（チフス、熱病、赤痢）が発生しました。さらに、出生数と結婚数の減少が起きました（ビュルテンベルク、バーデ、スイス、チロル、トスカナ、そしてより小さな規模でフランスとイギリス）。食糧暴動が、フランス、ベルギー、イギリスで起き、それはストライキと機械類の破壊をともないました。

そうはいっても、イングランドとフランスは、ヨーロッパ中央部と南部の、より「未開な」国々ほど「危機に対する」脆弱さを持ってはいませんでした。[redacted]済復興が起こります。一八一七年夏と翌年の平年並みの穀物収穫は物価[redacted]正常あるいはそれに近い状況への復帰です。

（1）一八一六年の夏[redacted]ン・[redacted]レンによって2と評価された。全般的で考慮に値する、この研究者の夏につ[redacted]以下の[redacted]を参照。夏（五月—九月）1 極端に涼しい 2 非常に涼しい 3 かなり涼しい 4 涼[redacted] 5 普通 6 暖かい 7 かなり暖かい 8 非常に暖かい 9 極端に暖かい *History and Cl*[redacted], Kluwer, 2001, pp. 107-113.

（2）Richard B. Stothers, [redacted] great Tambora eruption in 1815 and its aftermanth," *Science*, 15 June 1984, vol. 224, n° 465 ; Henry[redacted]Elizabeth Stommel, *Volcano Weather, The Story of 1816, the Year without summer*, Seven Seas Press, Newpo[redacted]83 ; Pascal Richet in *Pour la Science*, dossier No. 51, April-June 2006.

21 食糧不足と飢饉は気象学的条件とどのような関係を持っているのですか？

一八世紀から一九世紀について食糧不足を語るのは、常識にそぐわないようにみえるかもしれません。食糧不足はずいぶん以前に消滅してしまったようにみられているのですから。ですが実際は、食糧不足は完全に消滅してしまったわけではありません。いいえ、それどころではないのです。正確を期するために、この種の事象の三つのタイプを区別する必要があります。

＊飢饉　アンシャン・レジーム下では、飢饉は普通、大きな戦争によって生じた困難に結びつけられていました。しかし多くの場合、飢饉はまた、小麦の収穫とその前の小麦の種播きから刈り入れまでの成長とに好適でない気象条件によっても、引き起こされていたのです。過度の

降雨や厳冬、また反対に猛暑による日照り焼けや干ばつといった、「逆境」によってです。こうして一三一四年―一三一五年に、中央と西部ヨーロッパは大飢饉を経験しました。卓越した中世史家たちはそこに、その是非はともかく、ゴシックの「美しき中世」の終焉をみました。冷涼多雨な年々、休みなく降る雨、不作、大量の死者。それから、一四八一年（ルイ一一世治下）のフランスにおける大飢饉がやってきます。寒い冬とそれに続く冷涼多雨な春夏に刻印された年です。一六二二年にはイングランドにも飢饉が。しかしこれは、イングランドにとって最後から二番目の飢饉です。一六四八年―一六四九年の厳冬が、イギリス革命の最も厳しい年である四九年に、イングランドに飢饉に近い状態を招きはしますが、イングランドの農業システムと海運システムは、すぐ近くのフランスより効率がよいことが明らかになっていきます。フランスでは、一六九三年―一六九四年の飢饉は途方もない国家的厄災でした。死者は一三〇万人です。イングランドは、フランスより効率のよい農業と海上交易のおかげで、この時の食糧不足ではほとんど被害を受けませんでした。しかし、スコットランド、スカンジナビア地方、フィンランドではそうはいきませんでした。一六九六年―一六九七年に「大飢饉」を経験しました。

一七〇九年、またもやフランスは飢饉にありました。厳冬のさなかとその後で、六〇万人の死者を出しました。単に、飢えによる死（一六九三年―一六九四年）や寒さによる死（一七〇九年）だけが問題なのではありません。実態はそれだけではないのです。一七〇九年の厳冬は、霜のために苗の段階で小麦が全滅して、飢饉が起きました。この場合は、死は、栄養不足状態で蔓延したチフスや熱病や赤痢といった伝染病が主な原因でした。一六九三年―一六九四年の飢饉の場合は、フランスの人口に対する影響（一六九三年―一六九四年の死者は六・一％上昇）に関しては、より限定的で、一七八三年のラキ火山爆発後のアイスランド（二〇％の死者）や、一六九七年のフィンランドや、一八四六年―四七年のアイルランドにおける飢饉ほどではありませんでした。

＊食糧不足　これは、小麦の欠乏にともなって、あるいはそれに引き続いて、かなり大量の死者が発生するものの、一三一五年、一六九三年または一七〇九年のように、飢饉ほどの悲惨さの側面がない事態と定義できます。一七四〇年は、こうして、大食糧不足によって記憶されます。それは、八万から一〇万の「フランス人」の死者を出しました。それでも一六九三年ほどには、何ということでしょう、ひどくはなかったのです。

一七九四年、これまたフランスでは食糧不足の年でした。数万の犠牲者が出ました。複合症状は一七八八年―一七八九年と同じでしたが（日照り焼け、次いで悪天候）、一七八八年―一七八九年には特段の死者は出ていなかったのに対して、一七九四年―一七九五年の収穫期後は、革命によって生じた小麦流通システム崩壊のせいでかなりの死者が出たのです。これらすべては、芽月（共和暦第七月。現行暦の三月二一日―四月一九日）と牧月（共和暦第九月。現行暦の五月二〇日―六月一八日）に起きたサンキュロットの暴動が示す、一七九五年春の食糧危機にともなうものです。フランスにおける食糧危機の年のうちでは、さらに、日照り焼けと悪天候の一八一一年と、特に、飢饉は消滅したとされる時期の一八四六年を挙げることができます。しかし一八四六年は、ジャガイモの病気と小麦の欠乏とが組み合わさって、悲惨な状況と失業、そしてやはり伝染病によって二年間（一八四六年―四七年）でフランスに一八万人の通常外の死者を発生させたのです。この当時、食糧不足によって通常起こる以下のような事態がみられました。飢えによる無月経と、一八世紀末からフランスにかなり広まった中絶性交避妊とが原因の、結婚数と出生数の低下です。

＊潜在的な食糧不足(1)　これは不作から生じます。凶作に見舞われた収穫期後だが、その間実際には飢餓による死者が出なかった、一七八八年―一七八九年の場合がそうです。素晴らしい成

績です……。この八八年―八九年の場合は、死者が出るような災害は起こりませんでしたが、反体制的影響が多くありました。リシェとフュレ〔ドゥエ・リシェとフランソワ・フュレ。ともに、アンシャン・レジーム期を経済・社会的に研究するフランスの歴史学者〕が制御不能状態と呼ぶものです。最後に、インドネシアのタンボラ火山の噴火の年である一八一五年と、その結果地球の周りを漂う塵によって太陽光を遮られてしまった、夏のない年である一八一六年とを想起することができます。この時、活力に富んだ経済を活用できる国家であるフランスとイギリスでは、通常以上の死者はありませんでしたが、ヨーロッパの他の国々、特に一八一六年―一八一七年により多くの死者に襲われた中央部の国ではそうはいきませんでした。

（1） 歴史学者 Jean Meuvret の表現。M. Baulant and J. Meuvret, *Prix des céréales extraits de la Mercuriale de Paris* (1520-1698), 2 vol., SEVPEN, 1962 参照。

22　一八三〇年の革命と一八四八年の革命は、有意な気象学的状況と結びつけられるのですか？

たしかに、一九世紀における二つの大革命は、特に「気候的」原因によるものではありません。しかしそれらは、それぞれにとって有意で独自な生態学的状況のなかに位置づけられます。小麦は、約八〇〇〇年以上前に中東を後にして、温帯気候地域にやってきました。特にパリ盆地とロンドン盆地では、マイナス一〇℃あるいはそれ以下まで気温が下がる冬が心配ですが、また、麦を播いた畑を死滅させる冷涼多雨な春夏や、ときには夏の日照り焼けと干ばつも不安です。一七八九年のフランス革命については、一七八八年と一七九四年は暑い年（それぞれ、総合的年平均気温の点で）であり、悪天候をともなった一種の「季節風」の年であったということを、これからみていきます。八七年―八八年の収穫前の時期は、その初期の降雨（八七年秋）と八九年四月・五月の日照り焼け、次いで、「セヴェンヌ地方の雷雨」（雹、にわか雨）タイプの天候といった、非常に混乱した暑い夏によって特徴づけられます。これらは、収穫をだいなしにして「怒りの葡萄《ぶどう》」（アメリカの作家ジョン・スタインベックの小説（一九三九年）のタイトル）を熟させる気象条件と同じです。

一八三〇年の革命は、不利な農業気象を原因の一部とする社会不満（一八二七年―一八三二年）の文脈のなかに位置づけられます。中産階級は、当然ですが、ポリニャックの王令に反対して自由の諸権利を獲得、あるいは維持したいと望んでいました。彼らは、具体的に政権への参加を要求します。ところで、彼らはさしあたり、一八二七年、一八二八年、そして（後の）その影響が一八三二年までみられる一八三〇年、一八三一年の不作による物価高に不満を募らせた大衆によって支持されていました。これら数年間は、平年より低い小麦の収穫を「経験」します。一八二七年以来、特に一八二八年、そして、厳冬（一八二九年―三〇年）でもあった一八三〇年と、雨の多い年が続きました。「この冬を踊らせなければならないだろう」と、慈善舞踏会の開催を覚悟していたパリの上流市民たちの間ではささやかれていました。一八三一年は、全体的に冷涼で雨の多い、新たな多雨の年となりました。こうした気象状況は、月間の降雪日数と、パリ盆地とオランダにおけるミリ単位の（雨量計による）降水量観測のおかげで知られます。それはまた、一七一九年あるいは一七三二年から一八五八年まできちんと観測された、セーヌ川の水位によっても知ることができます。このアラゴによって確立された水位平均値データは、一八二七年から一八三一年にかけて、殊に際立つ最高値を記録したことを示しています。たしかに、シャルル一〇世の王令時には、政治が最重要でした。しかし、物価高と実質賃金の低下に起因する中期的な不満が、食糧暴動を引き起こしたのです。これら様々な動きのリストは、一八二七年—一八二八年、一八二八年—一八二九年と一八三〇年—一八三一年、さらには一八三一年—一八三二年の収穫期後については大変特徴的です。権力によって、そして必要な場合には暴力によって、パン原料の価格を下げさせようとする古典的な暴動が起きたのです。こうして、フランスの中央部と西部で特に、穀物倉庫の火事が発生し、地主たちは乞食たちに脅かされ、一連の騒擾が続いたのです。そこには、左翼的というよりは右翼的な、農民暴動の伝統がありました。一八三〇年の革命は、これら騒擾が最高度に政治化した瞬間、すなわち頂点でした。こうした諸々の不満から出発して、騒擾はある種の「雰囲気」を創り出しました。こうした状況下で、パリの民衆は、なりゆきで、社会秩序に対する抗議運動から発した、本質的に政治的な運動に合流するよう動機づけられたのです[1]。

一八四八年の革命については、農業気象学的状況（一八四五年—一八四八年）は異なります。

この期間はむしろ、非常に雪の多い冬の連続によってアルプス氷河が最大になった(一八一四年―一九五九年)ところに特徴があります。もっとも、一八四六年のような暑い夏もありましたが。一八四八年の革命を気象条件のせいだとすることは問題外です。もしそんなことをすれば滑稽なことになるでしょう。しかし、当時の経済状況は最良ではなかったことを思い出す必要はあります。一八四五年、アイルランドで、寄生菌の胞子の放散を増進させる非常に湿潤な夏に偶然助けられて、(アメリカ起源の)ジャガイモの病気が発生しました。そして、病気はヨーロッパ大陸に広まり、食糧不足を引き起こしました。それほどジャガイモは、民衆の基本的食糧のひとつになっていたのでした。これ(病原菌)に、一八四六年の日照り焼けと干ばつ(太陽神)の一撃が加わりました。この一撃は、フランスで小麦収量の約三〇%の減少を招いたのです。非常に暖かい春に引き続く、一八四六年夏の三ヶ月間は、北半球における過去五〇〇年間で最も暑い一二の夏のひとつでした。(2) この期間は、イギリス、ベルギー、オランダ、ドイツにおいて、一八二七年から一八五二年の間で最も暑かったのです。これらの現象(ジャガイモの病気、穀物の生産性低下、食糧不足)の集積が、ヨーロッパ、特にわが国における経済的(生活水準の低下)、保健衛生的(チフス、赤痢)、そして人口的(超過死亡率、婚姻率と出生率の低下)危機の源でした。この危機は、様々な形(乞食の大量発生、飢餓による暴動……)で具体的に表れました。これらの顕在化した事象は、フランスで、次いでヨーロッパの西部および中央部で、政治的・革命的歩みを開始しました。それは、「民衆の春」となるのです！

（1）Paul Gonnet, « Crise économique en France de 1827 à 1835 », *Revue d'histoire économique et sociale*, 1955, vol. 33.n° 3, pp.249-292 参照。

（2）K. R. Briffa, Global and Planetary Change, 2003 収録の、過去五〇〇年間で最も寒かった一二の冬と、最も暑かった一二の夏の地図参照。

23 一八三九年から一八四〇年の危機はどうして「未遂に終わった」のですか？

一八三〇年の革命と一八四八年の革命の間で、一八三九年―一八四〇年の期間は、不利な農業気象学的条件を構成したので、『赤い夏』[1]（J-P・カロン）〔一八四一年の民衆暴動の記録〕の一つとして、ほとんど革命的な状況に至ったかもしれなかったのです。しかし、その純粋な政治的影響は、ここでは異なりました。天文学的隠喩をたぐり出すために、「不吉な星の発育不全」のお話をしましょう。

しばしば気象的条件に起因する不作に関連した食糧暴動についての二つの重要な研究[2]が、一九世紀についての雄弁な時系列記録を作り上げました。これら二つの研究は、一九世紀前半の多くの気象・穀物欠乏危機を明らかにしました。一八一一年、一八一六年―一八一七年（タンボラ山後)、一八三〇年、一八四六年—一八四八年……そして一八三九年—一八四〇年の発育不全に終わった危機です。最後のものは、一八三九年九月から一八四〇年五月の間に、特にフランス西部および中央部で起きた食糧暴動として表れています。これらの暴動は、一八三五年から一八四五年の間で最低だった、小麦の低収穫に対する反応であり、そして小麦価格の上昇とそれによって生じる食糧不足の恐れに対する反応です。これらの不作の原因は、なによりも気象的なものです。イギリス(一八三八年、それから一八三八年—一八三九年の収穫期後[3]の間に、イギリスの小麦価格は再び上昇します)と同様フランスでもです。フランスでは、一八三七年—一八三八年の厳しい冬があり、次いで寒気で木が裂けるような寒い春、三八年の涼しい夏、一八三八年—一八三九年の(前年よりやや厳しさの和らいだ)冬の後、最後に再び、遅い一八三九年の春と、不作とともに寒くて不順な三九年の夏がやってきました。三九年という年はまた、英仏海峡の両岸で、一八三〇年から一八四六年の間で知られている最も雨の多い年のひとつでした。洪水の年次記録も確証しているように、一八三九年二月と三月に大幅な増水がみられました。ようするに、イギリスで、古典的な寒さと湿潤との複合による不作が二、三続き、一八三九年のフランスでも、一連の平年以下の作柄と凶作があったのです。そのため一八四〇年春に、小麦の高騰の動きが生じ、非常に特徴のある暴動とストライキも起こりました。

これらの騒擾は、一八四〇年から穀物状況は改善されたにもかかわらず、「赤い夏」の年である一八四一年まで続きました。今度こそは、遅れて起きた、季節はずれの政治的騒擾として語ることさえできます。より大局的見地からみれば、食糧暴動は、その時代の三つの重要な革命（一七八九年、一八三〇年、一八四八年）を引き起こしたりはしませんでした、絶対にそうではありませんでしたが、しかし付き添ったように、曲をつけたようにみえます。すべての食糧危機が革命を引き起こすわけではないしても、他の国々とは違ってフランスは、おそらく国権による中央集権主義に根ざす理由で、革命の共鳴箱、「太鼓の皮」のように振る舞うように思えます。辺境であれ中心であれ、極めて多様な騒擾が互いに、体制の中心部（パリ）まで、あきれるほど容易に反響し合い、増幅し合うのです。

（1）Jean-Claude Caron, *L'Été rouge*, Paris, Aubier, 2002.

（2）E. Bourguinat, *Les Grains du désordre*, Paris, 2002 と Jacques Revel に始動された、非常に注目すべき卓越した学位論文 D. Béliveau, *Les Révoltes frumentaires en France dans la première moitié du XIX*^{e} *siècle. Une analyse des rapports de sociabilité... et de leurs impacts sur la répressino des désordres*, EHESS, 1992 参照。

（3）収穫期後　たとえば一八三八年―一八三九年の収穫期後は、一八三八年七月あるいは八月の穀物取り入れから、その期間自体も含めて、一八三九年の収穫前自体まで続きました。すなわち、夏から次の夏まで、収穫から次の収穫まで、合計一二ヶ月ほどです。

24 アルプスの小氷期の終結時期を確定できますか？

アルプスの小氷期の終わりは一八五〇年代の最終末だといってよいでしょう。この時期は、小氷期の断末魔を見ました。この一〇年間は付随的に、一八五〇年から一八五六年までの、どちらかといえば冷涼な春・夏の「セット」によって特徴づけられます。そして特に、この一〇年間は、一九世紀末と主に二〇世紀の再温暖化前の、小氷期の年代的な最終局面になっています。大氷河（アレッチュ氷河、ゴルナー氷河、グリンデルワルト氷河、ローヌ氷河、そしてシャモニーの諸氷河）は、一八四〇年代と一八五〇年代（厳密には、一八四八年―一八五九年）に最大前進をしました。そのすぐ後、一八六〇年からアルプス氷河の後退が始まります。他方、食糧の観点からみれば、一八五〇年―一八五九年の一〇年間はかなり複雑です。

一八四八年の革命後、第二帝政の権威主義的体制は、反抗的な機運を抑えつけるようになります。こうして、問題の一〇年間のうちの何年かは、（かつての）一八二七年—一八三一年型の気候的悪状況のために、小麦については辛いものになりました。非常に寒い冬（一八五五年）と組み合わさってフランスに大洪水を引き起こした（一八五六年四月・五月）、多雨な一連の年（一八五二年—一八五七年）は、穀物収穫にとって考えられる限り不都合な「気象」図式を描いたのです。この図式は、二つの凶作（一八五三年と一八五五年）によって強調されます。より全般的にいえば、一八四九年から一八五六年に小麦収量の減少がみられ、[1]フランスでは一八五三年、一八五五年、一八五六年が小麦流通量が最低の年でした。イギリスとベルギーも、ほぼ同様の平年以下の収穫を経験しました。この穀物不足は、物価の上昇と田舎や都市部の下層民の多年にわたる経済的困窮を招来しました。あちこちで食糧暴動が発生しました。これらは「経済的旧体制」の最後の物価騰貴です（E・ラブルース）。問題になっている期間の気象的災害の程度は様々で、一三一四年—一三一五年、そして特に一五九〇年代と一六九〇年代、さらには過度に湿潤であった一七四〇年、一七七〇年、一八一六年、一八二七年—一八三一年、一八三九年を想起させます。しかしながら、一六世紀末や一七世紀末のような人命に関わる大災害は、ルイ＝ナポレオン・ボナパルトの時代には考えられません。それに、権威主義的な帝国から自由主義的な帝国への移行期である一八六〇年の「段階」は、農産物の鉄道輸送、海上輸送と自由貿易の発達が顕著で、アメリカ産とロシア産の小麦の搬入を可能にしました。「小麦と秩序崩壊」との連動はもはや完全に旬を過ぎたのです。ずっと後の抗議行動と潜在的に革命的な出来事（一八七一年〔パリ・コミューン〕、一九三六年〔スペイン内戦〕、一九四五年〔第二次世界大戦末期に起きたいくつかの民衆蜂起〕）は、もう気象とは何の係わりも持たなくなります。ただし、一九〇七年（ワインの生産過剰）と一九四七年（食糧不足）の危機を除いてです。後者は、懐古趣味と、異議申し立てを事とする近代主義との混合でした。こうした近代主義には議論の余地はありますが。

穀物収穫に好適な、一連のすばらしい夏（一八五七年、一八五八年、一八五九年）が、一八五〇年代のこうした農業気象学的悪状況に終止符を打ちました。それまでよりも降雪の少ない冬とあいまって、これら暑い夏は、一八六〇年からアルプス氷河の大後退運動を開始させました。この運動は、変動と過渡的かつ断続的な反動をともないながら今日まで続くことになります。一八六〇年から一九〇〇年の氷河後退は、暑い夏と冬の積雪の減少によるものです（クリスティアン・ヴァンサン）。単純な再温暖化と、その後の温室効果とが取って代わるのは、一八九三年、特に一九一一年以降でしかありません。それから、二〇世紀の残りの期間はずっとそうです。これらの年代以前は、全地球的温暖化と暑さの恒常的増進は、まだ日程に上がっていませんでした。断片的もしくは突発的なものは別にしてですが。

（1）Emmanuel Le Roy Ladurie, *Histoire humaine et comparée du climat II*, Fayard, 2006, p.434.

25 気候の歴史は、現在の再温暖化にどのような観点を提供できるのですか？

現在の地球温暖化は、今ではよく知られています。しかし、ヨーロッパの歴史学者の関心を引くのは、この再温暖化の地域的状況なのです。それらは、フランスそしてその周辺国、殊にスイスとイギリスについては、気候歴史学者たちによって入念に研究されています。

暖冬傾向は、一八九六年からみられるようになりました。この傾向は、二〇世紀を通じて、一九八一年―一九九〇年の一〇年間以降の明白な気温降下という、束の間のわずかな気温低下によって一時的に弱まっただけです。

他方、一九世紀末までちょっとさかのぼってみると、一八八七年から一八九二年の年平均気温の低い期間が、そこから再温暖化が始まったことが明示される出発点としての「下限」の役割を果たしているといえるでしょう。単純化することになりはしますが、教育的見地からすると、一〇年単位の計算がここでは便利です。一八九一年—一九〇〇年の一〇年間に、パリとロンドンでは最初の明確な全般的再温暖化を経験しました。次の一〇年間、一九〇一年—一九一〇年は、一八八一年—一八九〇年の一〇年間の冷涼化が回帰してきたわけではありませんが、再び少し気温が下がりました。一九一一年から、恒常的な再温暖化の最初の波が観測されます。この再温暖化は、フランスでは、一九一一年—一九二〇年、一九二一年—一九三〇年（これはじわじわとしたものでした）、そして一九三一年—一九四〇年の各一〇年間、次第に発展しながら持続します。イギリスでは、一九二一年—一九三〇年の一〇年間以降は、かつてないほどの暑さが加わった時期であり、たとえば一八世紀や一九世紀の様々な時期にすでに経験したような、単なる一時的な暑さの回復ではありません。それはすでに、それまでの期間あるいは世紀と比べて、本物の再温暖化でした。一九四〇年代の暑い夏は、イギリスとフランスについてこのことを証明しています。すなわち、一九四五年、一九四七年、一九四九年の暑い夏は、一九七六年さらには二〇〇三年までで最も暑い夏に含まれます。

二〇〇三年という年は、西ヨーロッパその他における、ほとんど一世紀にわたる再温暖化のとりあえずの頂点でした。それは、二酸化炭素の過剰排出によるものなのでしょうか。歴史学者は、原理的に、この点を解明する能力を持ち合わせていません。しかしながら、他の様々な要因（太陽、北大西洋振動〔アゾレス諸島上空の高気圧とアイスランド上空の低気圧の間で気圧が変動を繰り返すこと〕、多少とも活動している活火山）の結合を提示することはできます。しかし、一九八九年から二〇〇七年の、産業活動による二酸化炭素とメタンの大気中への放出は、他に勝る主要な要因[1]となったようにみえます。それでもやはり、クロード・アレグルという卓越した科学者が異なった見解を提案したことを非難することはできません。議論を戦わせる自由は欠くことができません。とにかく、ヨーロッパは一九三一年から一九五〇年の間、ヨーロッパ人がそれを十全に味わうことを戦争が妨げたにしても、気候最良期を経たのです。こう控えめにいっても許してもらえるでしょう。

一九五一年―一九六〇年と一九六一年―一九七〇年の二つの一〇年間は、他のそれぞれ冷涼な年月のなかでも特に、一九五六年二月と一九六二年から一九六三年にかけて、そして（甚だしく多雨で、どちらかというと冷涼な）一九五八年の厳冬に象徴されるように、一時的にわずかな冷涼化を示しました。そして一九七一年―一九八〇年の一〇年間（一九七六年の猛暑と干ばつ）以降、そしてさらに一層温暖であった一九八一年から一九九〇年の間、中期的に非常に穏やかながら、再温暖化が再帰します。一九八八年・八九年・九〇年の三年間は、冬、春、夏、そして一年中について、気温のまさに急上昇によって注目されます。秋は、一九八一年—一九八二年から、すでに先行して再温暖化していました。一九九〇年代の一〇年間はこうして、しばしば快適で、二〇世紀で最も暑い期間でした。再温暖化は、次の一〇年間すなわち二一世紀の最初の一〇年間に、さらなる頂点に達することになります。私は、二〇〇三年八月と二〇〇六年七月の二つの猛暑を想起します。

（1）M・ロックウッド他の最近の研究は、一九八〇年代から今日までに記録された地球大気の再温暖化については、増大しつつあるなんらかの太陽活動が特別な役割を果たしたという考えを否定するようです（*La Recherche*, sept. 2007, p. 12, "Le soleil onéré" 参照）。したがって、二酸化炭素は優越的な再温暖化効果をもっていたと思われます。

26 二〇世紀について、年全体と一世紀全体の視点から、季節別にみた再温暖化を話題にできますか？

ヨーロッパについては、ルーターバッヒャーが、そのことに見事に挑戦しました[1]。彼は特に、氷河の後退が、（一八六〇年から一九〇〇年の期間のように）充分ではなくなった雪のコントロール下にはもはやなく、まさに上昇しつつある気温の影響下にある、二〇世紀に取り組みました。二〇世紀の冬について、このベルン人研究者は、一〇年で〇・〇八℃、すなわち二〇世紀全体では〇・八℃の再温暖化を記録しています。夏については、ルーターバッヒャーは、一九〇二年から一九四七年まで再温暖化傾向にあり[2]、引き続いて一九七七年まで冷涼化が続いたとしています。それから、一九九四年から二〇〇三年まで続く、二〇世紀で最も暑い夏の一〇年間にそのまま至る、過去に匹敵するもののない夏の再温暖化がきます。

引き続きヨーロッパについてですが、一年全体を通じて均一化した気温、つまり、大都市あるいはその周辺で確認される人間の活動によって生じる排熱の影響を受けた気温比較をしてみると、一九〇一年―一九一〇年の（一〇年間の）年平均気温八・九℃（オランダ）から、一九九一年―二〇〇〇年の一〇・一℃まで変化しています。イギリスでは、これらに相当する数字は、もっと変化幅が狭くて、二〇世紀初めは九・一℃で、最後の一〇年間については九・九℃だそうです。他の場所では、一九〇〇年以降の最初の一〇年間から、今では「前世紀」と呼ばれているものの最後の一〇年間までの期間に、恒常的気温上昇の面で二〇世紀に生じた典型として一般にみなされる、〇・八℃の再温暖化がみられます。

（1）*Science*, vol, 303, 5.3.2004.

（2）一九四七年の燃えるような夏、それは、後から考えると、少なくとも海辺では、なによりも「ビキニの夏」でした。

27 小氷期末期の数年以降、すなわち一八六〇年代以降、寒冷な冬[1]から何が生じたのですか？

一八六〇年からのアルプスにおける小氷期の終了は、もちろん、厳冬をも含めて、寒い冬の出現に終止符を打ったということを意味するものではまったくありません。いつもながら、可変性は厳然として存在します。一八六〇年以降のアルプス氷河の後退は主に、冬の降雪不足と、氷河の消耗を促進する暑い夏の出現によって説明されているようです。一世紀間にわたる全般的な再温暖化は、特に一九〇〇年以降、冬については、正確には一八九五年以後目に見えるようになります。メキシコ湾流と、ときには起こる可能性のあるその変動あるいは停止について研究している理論家のなかには、「気候変化」の問題との関係で、新たな氷期の到来を予想する者が時々いるということを、ここで付け加えておきましょう。とにかく、寒い冬そして厳冬さえもまだ、まったく絶滅危惧種ではありませんし、ますます関心を持つに値するのです。

ここでは、これまで何度も繰り返ししてきたように、イギリス中央部地方における、都市から発生する均質化した排熱の影響を受けた地域的気温のデータ、したがって信頼するに値するデータを使用することにします。

一九〇〇年―一九五〇年の基準期間におけるイギリスの冬（一二月・一月・二月）の平均気温は、四・二℃です。したがって、それ以下になったら寒い冬であるとする限度を、恣意的に三℃と決めることにしましょう。この一二月・一月・二月の平均気温（以下ＤＪＦと表記）が、一九一七年や一九二九年等のように一・五℃または一・七℃まで下がったときは厳冬とすることにします。これらの三ヶ月平均は、三℃よりやや低い程度なので比較的高いようにみえるかもしれませんが、一二月・一月・二月のある日またはある週において、〇℃以下、さらにはマイナス一〇℃以下の最低気温の場合も含みえます。

次から次へと年が経過するなかで、イギリスにおける最初の二年連続の寒い冬は、一八六〇年、一八六一年に現れ、それぞれ二・三℃ＤＪＦと二・七℃ＤＪＦでした[2]。これらの後に一八六五年（二・七℃ＤＪＦ）が続きます。ファン・エンゲレンはこれについて、厳しい季節だといっています。

一八七〇年代の一〇年間は、イギリス中央部で二・四℃ＤＪＦだった一八七〇年―七一年冬の極端な氷霧によって注目されます。パリの住民は、プロシア軍によるパリ包囲の諸々の困難のせいで、この「悪い季節」に非常に苦しみました（飢えと寒さ）。ほとんど飢饉の様相を呈した食糧不足が凍結に結び合わされ、エドモン・ド・ゴンクール（一九世紀の小説家）の『日記』はこれら困難な月日から、かなり衝撃的な一幅の絵を描き出しました。一八七一年―一八八〇年の一〇年間は、はっきりと不快なものでした。というのは、一八七四年―一八七五年のイギリス中央部の平均気温二・八℃ＤＪＦの悪影響を受けたからです（一二月・一月・二月の霜。イーストンのデータ系列(3)によれば三月七日まで続きました）。

とにかく気温の下限となった一八八〇年代は、冷涼な一〇年間でした（現代の一世紀におよぶ再温暖化の開始期である、より暖かい一八九〇年代と、やはりより暖かい一九〇〇年代の前）。一八八〇年代は、期間の始めと終りを厳しい冬によってしっかり囲まれています。やはりイギリス中央部のデータですが、一八八〇年代が始まる以前から、一八七八年―一八七九年の冬が〇・七℃ＤＪＦ、そして一八七九年―一八八〇年の冬が二・五℃ＤＪＦ（特に一八七九年一二月が凍るような寒さの月であったせいで）、最後に一八八〇年―一八八一年の冬が二・三℃ＤＪＦでした。ようするに、寒い、あるいは非常に寒い冬が三年続いたのです。その次は、それぞれ二・四℃ＤＪＦ、二・七℃ＤＪＦ、二・五℃ＤＪＦであった、一八八六年、一八八七年、一八八八年の注目すべき寒い三冬です。このように、一八七九年―一八八八年の一〇年間は、その最初と途中に二つの寒い三冬があったのです。

一八九一年―一九〇〇年の一〇年間は、年全体としては再び暖かくなりました。しかしそれは、この年代グループの前半も寒い冬の三年を含んでいることを妨げるものではありません。それらは、一八八六年・八七年・八八年のように連続しておらず、二年ごと、ようするに交互だということができます。

すなわち、

一八九一年　一・五℃ＤＪＦ（まさに厳冬です）

一八九三年　二・九℃ＤＪＦ（猛暑に引き続いており、たとえば一九四七年に再びみられる対称的構図）子午面循環（子午線に沿って南北方向に流れる大気や海流の循環）、したがって、冬は寒冷高気圧、夏は高温高気圧

一八九五年　一・二℃ＤＪＦ

まとめていえば、こうして明らかになったように、一八六〇年から一八九六年までの三六年間については、ＤＪＦ平均気温が三℃以下だったので、比較的寒いあるいは非常に寒かった

イギリスの冬のデータが非常に豊富にあるのです。実際、この三六年間で一四の寒い、あるいは非常に寒い冬が数えられます。つまり二・六年に一年、寒い冬があったことになります。英仏海峡の北では、平均して、二年半ごとに一回寒い冬が出現したということです。それらの冬は、ペアで（それは一回ですが）、あるいはトリオの形で現れることもあったのです。

一八九六年、もしくは一八九六年―一九一六年から、すべてが変わります。われわれがこれまで、それ以下であれば寒いと正当に判断できる指標としてきたイギリスの三℃というラインを受け入れるとすれば、この二一年の期間にはもはや、寒いと評価するに値する冬は一度も見いだすことはありません。

さて、これら温暖な二一年間の終わりに、一九一七年のまさしく非常に寒い冬が現れました。これは特に、フランスとドイツという、ヨーロッパの交戦中の二つの大国において、麦を播いた畑を壊滅させる厳冬（一・五℃）でした。これが、明らかに戦争に起因する食糧統制を、さらに全般的に悪化させたのです。それは、後に「スウェーデンカブ〔家畜の飼料用のカブ〕の年」と呼ばれるようになる期間と……「貴婦人たちの道」〔一九一七年、ピカルディー地方エーヌ県の「貴婦人たちの道」と呼ばれる街道を境にして、フランス軍とドイツ軍との間に交わされた攻防戦〕の間続きます。つまり、一九一七年とその収穫後の一二ヶ月の間、一九一七年の不作と連合国軍によるドイツの食糧封鎖等、多元的にすべてが決まる一九一七年―一九一八年の期間です。こうした悪化状況は、農業生産の段階ですでに明らかでした。というのは、一九一六年―一九一七年の冬は、農民が一九一四年―一九一五年以来、人手と肥料と機械使用を奪われて働いてきた状況を、気象学的原因でさらに一層悪くしたからです。

次の二〇年ほど（あるいはそれ以上）の間は、寒い冬の出現は、一八九五年以降のように、極めてゆっくりかつささやかな足取りを示します。一九一七年から後は、大厳冬はイギリスでは、一九二九年（一・七℃DJF）にならなければやってきません。ですから、ほとんど一年間の温暖な年を経験します。そしてこの温暖さは続き、三〇年代はそっくり、さしたる冬の寒さのない一〇年間になります。一九三〇年から一九三九年の間、イギリスでは、平均気温が三℃以下の冬は一度もなかったのです。温暖もしくは平年並みの冬の一〇年です。これらはすべて、一九〇〇年以降、フランス全土に適正に配置された二〇以上の（気温観測）測候所網によるフランス気象庁の一〇年間平均気温によって確認できます。

結論として、こうしたコントラストのある一覧表は極めて衝撃的です。語義からして厳密に、アルプスを指す小氷期の終了以降、一八六〇年から一八九五年の間の三六年間で一四回、イギリス中央部で一二月・一月・二月の平均気温が三℃以下となった寒い冬がありました。すなわち、二・六年に一年寒い冬の年があり、単純化すれば、二年半ごとに一回の寒い冬ということです。

さて次の期間、一八九六年から一九三九年まで、すなわち四四年間には、同タイプの寒い冬（三℃以下）は二回しかありません。一九一七年と一九二九年です（実際とても寒く、それぞれイギリスで一・五℃DJF、一・七℃DJF）。言い換えれば、一八六〇年から一八九五年までの三六年間は二年半に一回の寒い冬だったのに対して、一八九六年から一九三九年までは、二二年ごとに一回の寒い冬で、一八九六年以前のほとんど八分の一のペースです。一八九五年は寒さの終わりで、一八九六年は暖かさの始まりです。ルーターバッヒャーのヨーロッパ規模の偉大な業績中で完璧に叙述された以上に見事に、二〇世紀初めにおける冬の再温暖化を描き出すことはできないでしょう。

ドイツの気象学者H・フォン・ルドルフは、二〇世紀初めのこうした冬の寒さの緩和をよく承知していましたし、私もまた、自著『気候の歴史』（一九六七年）で指摘しておきました。

こうして、一八六〇年からアルプスの小氷期の終焉を識別できるのですが、ヨーロッパの気候における小氷期の終焉、より厳密に言えばヨーロッパの冬の小氷期の終焉は、一八九六年からに過ぎません。少なくとも冬についてはそうで、相対的緩和の長期相は一九三九年冬まで続きます。

そうはいったものの、こうした緩和は、氷から流れ出て再び帰ることのない不帰の川ではありません。一九四〇年代には、年平均気温では二〇世紀初めの全地球的な再温暖化の効果を強く受けていた一〇年間であったにもかかわらず、冬の大寒波のすさまじい襲来を受けました。不幸と幸福の弁証法でしょうか。それとも、冬の凍結と全地球的冷却化との弁証法でしょうか。ともかく、相対的には幸福です。なぜなら、これらすべては第二次世界大戦の恐ろしい保護下で体験されたのですから。

冬の危機。次々に訪れる寒い冬あるいは厳冬、一九四〇年、次に一九四一年、最後に一九四二年（それぞれ[4]、イギリスで、一・五℃ＤＪＦ、二・六℃ＤＪＦ、二・二℃ＤＪＦ）のことです。これらの最初のもの（三九年―四〇年）は、殊にフランスのすでに小麦の種播きを終えた畑に大きな損害を与え、四〇年夏の敗戦後のわが国の民衆、ドイツ軍の徴発によってすでに非常な被害をこうむっていた国民の食糧供給を危機に陥れるのに貢献しました。一九四一年―一九四二年の冬は、一二月と一月に、ロシアにまでその支配を広げました。その結果、ジューコフ将軍のソヴィエト軍に冬将軍の貴重な協力をもたらし、ドイツ国防軍がその犠牲となって、バルバロッサ作戦開始以来最初の（モスクワを前にしての）大敗北を喫しました。

一九四七年もまた、厳冬（一・一℃ＤＪＦ）に襲われ、（やはりイギリス中央部ですが）小麦の種播きの済んだ畑に甚大な被害を出し、引き続き四七年夏の干ばつと日照り焼けに遭いました。四七年の夏は非常な猛暑だったので食糧供給もその被害を受け、総体として、フランス人の必要栄養量に損害を与えました。しかし幸いにも、アメリカからのある程度の小麦輸入によって補給されましたが。これらはすべて、経済その他（当然政治色が強い）を原因とする、一九四七年秋のストライキによって現実化した社会政治的危機の真っ只中でのことです。

一九五一年は二・九℃ＤＪＦでした。三℃のラインを下回るこの平凡な気温記録は、なによりも、一九五〇年一二月の非常な低温によるものです。これらの気温が、基準値の三℃よりも少し低く、イギリスのＤＪＦ平均気温を引き下げたのです。さらに、一九五〇年一二月からこうして寒冷化した冬に加えて、一九五一年は、イギリスと英仏海峡の南においても、非常に寒い春と四季を通しての非常な降水に見舞われます。その結果、イギリスの収穫はあらゆる原因で損害を受けました。穀物については（大麦を除いて）収量が減少、ジャガイモと砂糖大根についても同様です。われらがフランスでは、一九五一年産のワインの品質は、こうした否定的状況にあって、ボルドーの赤と辛口の白、ソーテルヌ、ブルゴーニュの赤と白、シャンパーニュ、ヴァル・ド・ロワール、アルザス、コート・デュ・ローヌ、すべての銘醸ブドウ園で例外なく最悪でした(5)。

一九五六年。二月は非常に厳しい冬の寒さで、一八七九年一二月以降で最も寒い月でしたが、それでも一二月・一月・二月の三ヶ月平均気温は二・九℃でした。

五六年二月は、霜によって、フランス全土とイタリアの一部地方のオリーブの木を殺しました。

次の一〇年間には、一九六二年―一九六三年の大厳冬（マイナス〇・三℃DJF）「だけしか」ありませんでした。ですから、これは繰り返し申し上げたいのですが、一〇年に一回ないし二回の寒い冬のペースに戻ったのです。二二年ごとに一回、すなわち、四四年間で一九一七年と一九二九年の二回の寒い冬しかなかった一八九六年から一九三九年の間よりも、少し頻度が高いということです。ともかく、一九四八年以降の寒い冬のペース（一〇年に一回）は、一九世紀（一八六〇年から一八九五年、二年半ごとに一回の寒い冬）よりも間違いなく頻度が減少しており、一九四〇年代の一〇年間（一九三九年から一九四八年までの一〇年間で、一九四〇年、四一年、四二年、四七年の四回の寒い冬）よりもまた明確に頻度を減らしています。一〇年間に一、二回の寒い冬である、一九五一年、一九五六年二月、一九六三年の三つの厳しい冬は、一九五〇年代と、特に一九六〇年代とに記録された、二〇年にわたる軽度な世界的冷涼化を暗に示しているか、あるいは少なくとも例証しています。一九七〇年から一九七九年の一〇年間は再び、厳しい冬（一九七九年、イギリスで一・六℃ＤＪＦ）に見舞われました。これまた、かなりの厳冬です。これに対して一九八〇年代は、対になって襲来した二つを含む、一九八二年（二・六℃ＤＪＦ）、一九八五年と続く一九八六年（それぞれ二・七℃ＤＪＦ、二・九℃ＤＪＦ）の、かなり厳しい三つの冬によって注目されます。これら一九四八年から一九八六年までの三九年間の一覧表を作成すると、七回の寒い冬があります。それは、五年半ごとに一回のペースであり、二二年ごとに一回の寒い冬があった二〇世紀の初期の温暖期（一八九六年—一九三九年）のペースよりも早いのですが、前述したように、二年半ごとに一回の寒い冬があった小氷期後の一九世紀（一八六〇年—一八九五年）のペースよりもずっと遅いのです。

その上、一九八八年・八九年・九〇年に気候が暑い方向へと大転換して、冬の様相は変ります。この時期以降、少し肌寒い、すなわちかなり涼しい冬が、一九九一年と一九九二年（イギリスで三・〇℃ＤＪＦと一九九七年に記録されました（ダニエル・ルソーによって作成されたフランス国家統計）。最後に、ある程度の寒さで被害をこうむった二〇〇五年と二〇〇六年の冬、これは、おそらく二〇〇六年を除けば、前述したイギリスにおける三℃のラインがあったならそれを上回ったと思われます。

　これらすべてが、もちろん、冬の寒さが激しい勢いで戻ってきたということを当然のごとく排除する、というわけでは少しもありません。しかし、総体として、こうした冬の歴史は、ユルク・ルーターバッヒャーが提出したもの[6]とうまく合致するのです。彼によれば、二〇世紀、つまり一九〇一年から二〇〇〇年の間の冬の気温の直線的なトレンドは（一九五〇年代と一九六〇年代の寒さの落ち込みにもかかわらず）、一〇年間にプラス〇・〇八℃です。冬についていえば、一九八九年―一九九八年の一〇年間は、一五〇〇年以降で最も暖かいのです。

　一九七三年から二〇〇二年までの冬はおそらく、過去一〇〇〇年間でわれわれが経験したうちで最も暖かい三〇年を形成しているでしょう。二〇〇六年の秋と、四月まで殊に暑かった二〇〇六年―二〇〇七年の冬の、非常な温暖さを思い起こします。その後、たしかに、二〇〇七年の夏はフランスの北半分地方では比較的涼しくて湿潤ではありましたが、そのまさに同じ夏にバルカン諸国は、かつて二〇〇三年にわが国であったような、火事を引き起こし、死者を出した、非常な猛暑を経験したのです。

（1）この章とこれ以降の章は、Guillaume Séchet の研究業績に多くを負っています（巻末の簡略な文献紹介参照)。
(2) 一八六〇年の冬というのは一八五九年―一八六〇年の冬ということで、この冬の気温は、一八五九年一二月と一八六〇年一月・二月の三ヶ月の平均気温に他なりません。以下の年度についても同様です。
(3) C. Easton, *Les Hivers dans l'Europe occidentale*, Leyde, 1928.
(4) ユルク・ルーターバッヒャーは、認定済みのこの連続した厳しい三冬(一九四〇年・四一年・四二年)を太平洋の「エルニーニョ」という要因の重要な変動と関連づけました。
(5) これら七地域については、*Guide Hachette des vins* の現在、および一九九八年以前の版における、年別数値評価(一九五一年は非常に低い)によります。
(6) Jurg Luterbacher et al., *Science*, vol. 303, 5.3.2004.

28

二〇世紀における厳冬のひとつを、それが人間に与えた影響とともに思い出すことができますか？

一九五六年は、実際、歴史的な年でした。ブダペストで鎮圧された、ハンガリー革命。英仏のスエズにおける敗退等……そして、一九五六年の厳冬……その年の二月は一八七九年以降で最も寒い月でした。それはまた、二〇世紀で最も寒い月でもあります。

ギヨーム・セシェによると、一九五六年の二月は、ナンシーでマイナス二六℃という最低気温となり、サントロペで七〇センチの雪が降りました。

さらに、通常は寒い季節を過ぎても事態は改善しませんでした。オランダの優れた気候学者ファン・エンゲレンは、一九五六年の冬を当然、「厳しい」としているのですが、一九五六年の夏も「涼しい」としています。実際、一九五六年六月の涼しさは驚くべきものでした。それから、七月には英仏海峡に嵐です。八月いっぱいはどちらかといえば冷涼多雨でした。一〇月はマルセイユで霜が降り、一一月はフランス中央部でほとんど凍るような気温でした。

フランス北部と中央部のブドウ栽培者たちは、前の年は九月二九日にブドウを収穫したのに、一九五六年は一〇月一三日になってやっと収穫しました。そして、平年より早熟だろうが晩成だろうが、今後収穫してよいとみなされるブドウの実の成熟は、特に三月から九月にかけての気温が暑いか涼しいかによって決定されるということを知ったのです。ドイツのオークも被害を受けたようです。一九六五年二月の気温の厳しさのせいで、その年輪は最低の成長を示しています。

ベルギーでは、一九六五年二月初めの「寒気で木が引き裂かれる」転換点がすさまじい激しさできました。この王国の気候学のメッカのひとつであるユークルでは、一月末から二月初めの間の四八時間に、水銀温度計が二五℃を失いました。それは、フランスからロシアまでにおよんだ寒気が東部戦線でドイツ国防軍の行動を（幸いにも）麻痺させた、一九四二年の恐ろしい冬よりもさらに悪いものです。

ベルギーの寒波が追い払われると今度は、最大限の降水が取って代わりました。一九五六年三月二日にシメで五三ミリの降水、七月一九日にガンで八一ミリ、八月三日にフムで五四ミリです。八月二〇日には、ベルギーのあちこちで雹《ひょう》が大量に打ちつけ、時速一六〇キロメートルの風の被害を受けました。一〇月末には、アルデンヌ地方ではすでに雪は非常に深くなっていました。

ようするに、もしまだルイ一四世の時代に生きていたとしたら、一六九二年—一六九三年（過剰な降雨）の恐ろしさと一七〇九年（厳冬）の恐ろしさとが結びついた途方もない飢饉の年になっていたことでしょう。あの時は、両者合わせて二百万人近くの死者が出ました。しかし一九五六年は皆無でした。なぜなら、戦争直後から時間がたち、フランス・ベルギー間の食糧供給システムも極めて強固になっており、各地からの小麦輸入によって小麦不足が緩和されたからです。しかしながら現実としては、わが国の穀物生産者にとって一九五六年の価格は厳しいものになりました。小麦の種播きを済ませた畑の四五％が霜でだめになり、それに比例して収穫量が減少したのです。

ワイン生産もまた、非常に被害をこうむりました。ブドウの収穫量は減少し、特にブドウの木の「氷化」によって多くのブドウの株が死に絶えました。衝撃的なことに、『アシェット・ワインガイド』では、一〇ほどの評価の高い銘醸ワイナリーについて、——ロワール地方とローヌ地方のブドウ園の例外を除いて、質の良い一九五六年産のフランスワインを見つけることはほとんどできません[1]。

偉大な気候史学者クリスティアン・プフィスターのおかげで、最もよく事態を説明できるデータを得ることのできるのはスイスです。他の地方同様、ベルンとチューリッヒでも非常に寒かった一九五六年二月以降、同じ年の一一月まで、このスイスの教授は、温暖あるいは暑いと呼ぶに値する月を（九月と、おそらくは五月を除いて）ひとつも見いだしてはいません。寒いか冷涼あるいはぴったり平年並みの月気温の月以外はありません。二月についていえば、バーゼルで、一七五五年以降最も凍るような低温でした。

クリスティアン・プフィスターは納得できる理由を挙げて、モスクワ・パリ間にあってよく知られていて、フィンランドから……ロンドンにまで広がって、北極気流を中央ヨーロッパとフランス方向に流したのはシベリア高気圧であるとしています。唯一例外となったのは、アイスランド南部と西部で、この時期、非常に暖まった南西からの風の恩恵を受けました。

イタリアとスペインはどうだったのでしょう。作家ガヴィノ・レッダの情熱的な証言があります。彼は『パドロンヌ神父』のなかで、オリーブの木の大虐殺の強烈な描写を提供してくれます。一九五六年二月の霜によって全滅したラングドック地方とプロヴァンス地方のオリーブの木、数年前にガヴィノの父が情熱的に植え、愛したサルディニア島のオリーブの木。

一九五六年二月二日、雌羊の乳を搾った後、父と息子は自分たちの地所で油の採れるオリーブの木がすべて死に絶えたことを知ります。父のほうのレッダが息子にいいます。「全部抜いていいよ。この生きている木と樹皮の間の黒い層を見てごらん。乾いている。何日かすれば、火事の後のようにすべてが黒くなる。可愛いこいつらは終わりだ」。やはり数世代にわたってわが国南部のオリーブ畑を消滅させた一七〇九年の厳冬のように、リヨン湾〔ローヌ川河口からピレネー山脈東端まで広がる地中海の湾〕沿いのオリーブの木の死骸は、果樹栽培を襲った大災害の証人でもありました。

スペインでは、一九五六年二月は、バルトロメ・ベナサール〔フランスの歴史学者。スペイン近・現代史の専門家〕がみごとに解明したように、大規模な政治的結末をも引き起こしました。この恐ろしい冬は、特に、柑橘類の生産量を甚だしく減少させました。この減少は、スペインの「輸出高」の五分の一に相当しました。こうして、その後何年も後を引く大きな傷がイベリア半島の貿易収支と農業収入に穿たれました。これが原因となって、食料品の大量輸入と食糧供給の減少にともなうインフレが発生したのです。そのため、ストライキが続き、次いで数ヶ月後、フランコ派の新しい政府が発足しました。この政府は、ファランヘ党があれほど長く育んできた自給自足経済という古い理想を放棄して、ヨーロッパ経済における未曾有の事態に率直に対処できる、神の眼を持ったハーバード大学出身の官僚たちを採用しました。

場所によっては、一九五六年の冬が大変奇妙な結果に至るのを目にします。東ヨーロッパでは、この非常に寒い季節は、民衆にとって非常に辛いものとなり、それは、この地域の社会体制における生活水準がすでに低下していただけに一層耐え難い事態でした。

（1）一九六三年（厳冬の後）と一九六八年（気候学的に冷涼多雨）の場合もそうです。

29 過去の猛暑は、特に人間に与えた影響の点で、二一世紀初頭の猛暑と異なりますか？

小氷期にもかかわらず、気候に可変性があるために、過去に——特に一八世紀には——一連の暑い夏の襲来を何回か、[1] さらには猛暑も経験しました。しかし、人間に対する影響の観点からすると、それらの相は、われわれが近年（特に二〇〇三年八月と二〇〇六年七月に）経験したものとはかなり違っていました。二〇世紀では、一九一一年、一九二一年（さほどひどくない）、一九四七年、一九五九年、一九七六年、一九九五年の猛暑を挙げましょう。二〇〇三年については、数世紀来の西ヨーロッパの気候史において最も高い平均気温の夏でした。

昔の猛暑は、河川と自由地下水の水位低下と、非常に汚染された水の存在によって表されました。それによって「中毒症」が発生して、過去の世紀では、特に子供にとって、激しい致死性の攻撃が生じました。この分野では、一七〇四年―一七〇七年の二〇万人の通常外の死者に引き続いて、一七一九年の四五万人の通常外死者（原因は同じ）を列挙できます。一七〇四年―一七〇七年とほぼ同様の死者数が、やはり猛暑であった一七四七年の夏・秋、そして同様な環境要因があった一七七九年にも再びみられます。暑さの結果発生した赤痢による児童死亡に直面した一九一一年の夏を想起することもできます。一七一九年の膨大な死者（フランス人二一〇〇万人に対して死者四五万人）は、当時すでに存在していたマスメディアの注目をほとんど引きませんでした。やはり猛暑で赤痢が発生した一七七九年の死は、二〇〇三年に同様の犠牲者を出すことになるロワール渓谷を激しく襲いました。[2] ロワール渓谷は熱い空気の吹き込む湾なのでしょうか。

今日では、子供たちは猛暑の影響からかなりよく守られています。しかし、二〇〇三年の暑い夏の時には、脱水症とその他の付随的影響で、フランスで一万五〇〇〇人の高齢者の死亡、ヨーロッパ全体で数万の高齢者の死亡が発生しました。一八世紀のほうが明らかにもっと悪かったのですが、この二〇〇三年の数字は当然、私たち同時代人に衝撃を与えました。二〇〇六年七月も、通常外の死者を出しましたが、それは極めて少ないものでした。当局、担当部局、特に高齢者収容施設では事前に連絡を受けていて、予防措置がとられていました。過去の世紀では（一九一二年以前といっておきましょう）、冬の死亡が気管支炎、場合によっては心臓病が多いという特徴を持っているのに対して、猛暑による死亡は、初夏から夏にかけての好天の季節における一般的に消化器系の病気による死亡に結びついていました。

記録という点では、二〇〇六年七月は温度計による良好な観測が存在するようになって以降知られているなかで最も暑いもののひとつです。二〇〇六年—二〇〇七年の暖かい冬に続く暑い秋（二〇〇六年）についても考えましょう。フランス全土の季節別気温グラフをみると、この数十年来、正確には一九八二年以降、秋が再温暖化していることが明白です。二〇〇六年の秋は、この傾向に沿った異常性を強く示しています。ここで、しばらく冬に立ち戻ってみましょう。『中世の気候』[3]と題した著書のなかで暗に、ピエール・アレクサンドルはいくつかの比較対象を提示しています。われわれもそのようにして、たとえば二〇〇六年—二〇〇七年の冬のような現代の暖かい冬を、一二九〇年、すなわち「中世小気候最良期」の真っ只中である一二八九年—一二九〇年の冬と比較対象できるのではないでしょうか。「一二八九年のクリスマス前に木々は花を咲かせて若葉を出し、アルザス地方では冬にイチゴを摘み、一二九〇年一月二〇日より前にブドウの木は葉と花をつけ、一月一三日以前に雌鳥やカササギや鳩が卵を抱き始めた……」。この年は、花は過剰に咲き乱れ、鳥は季節に先駆けて鳴き始めました。しかし、「中世小気候最良期」に特徴的で気候の可変性の表れでもあるこの一二九〇年冬の再温暖化を、わかっている限りでは二酸化炭素に関連があるとされ、おそらく独特で後戻りできない諸特徴を呈している、現在の再温暖化とそっくり比較対照することはできないでしょう。

歴史学者は、正しいラテン語では novae と supernovae である新星や超新星を待ち構える天文学者たちのように、猛暑あるいは超猛暑を熱心に探し求める者になれるのでしょうか。これについての良き捜査地域は、最も暑かった一〇年間、あるいは最も冷涼でなかった一〇年間の期間です。まず、小氷期の期間(一三〇〇年—一八六〇年)を取り上げ、均質であると公認されているイギリスのすばらしい気温データ系列のおかげでよくわかっている、一六五九年から一八六〇年のぴったり二世紀間にしぼって考察しましょう。気候の可変性は、小氷期の期間中でさえ、非常にはっきりと他の期間より暑く、ややもすれば猛暑の多かった一〇年間をいくつか出現させています。

これら相対的に暑い一〇年間として、私は、一六六一年—一六七〇年、一六八一年—一六九〇年、一七〇一年—一七一〇年、一七二一年—一七四〇年(二つの一〇年間)、一七七一年—一七八〇年、一七九一年—一八一〇年(これもまた二つの一〇年間)、一八二一年—一八三〇年を考えています。この他にも、いうまでもないことですが、全体としては相対的に冷涼な一〇年間にも、ときとして非常に激しい猛暑、さらには超猛暑さえあります。そうしたものとして、一八四一年—一八五〇年の一〇年間中の、極端に暑かった一八四六年の夏（六月・七月・八月）があります。この一〇年間は、この夏を除いて、格別灼熱といった特徴によって輝いているわけでもなく、それにはほど遠いのです。

小氷期後の期間（一八六〇年以降）については、ときとして猛暑が多いこともある、相対的に暑い一〇年は、一八六一年—一八七〇年、一八九一年—一九〇〇年（一八九三年の猛暑）、次いで、二〇世紀前半の再温暖化の進展の各段階として、実際次第に温度が上がっていく、一九一一年—一九二〇年、そしておそらく一九二一年—一九三〇年、最後に一九四一年—一九五〇年が挙げられます。

一九五一年—一九六〇年の一〇年間は、他より少し涼しいのですが、やはり同様に考えてよいでしょう。最後に、はっきりと冷涼化した一九六一年—一九七〇年の一〇年間以降に、二〇世紀後半の決定的な再温暖化の四つの一〇年間がやってきます。すなわち、一九七一年以降、特に一九八一年から二〇〇七年まで（四つめの「一〇年」である二〇〇一年—二〇一〇年は、もちろん、私がこれらの文章を書いている時点では終了していません）です。これら四〇年、特に後の三つの一〇年間には、燃えるような年が多くあります。一九七六年、一九八三年、一九九五年、そしてもちろん二〇〇三年です。

もうひとつの方法は、イギリス中央部の平均気温が一七℃（六月・七月・八月）かそれ以上の超猛暑であったときだけを取りあげるというものでしょう。これはそう多くありませんし、それらの傾向は興味深いものです。それらのリストは、ひとつの年、ひとつの月さえも点呼に返事しないということのない英仏海峡の向こうのデータ系列のおかげで、すぐ作れます。それらは以下の通りです。

一七八一年　一七・〇℃（六月・七月・八月平均）
一八二六年　一七・六℃
一八四六年　一七・一℃
一九一一年　一七・〇℃
一九三三年　一七・〇℃
一九四七年　一七・〇℃
一九七六年　一七・八℃
一九八三年　一七・一℃
一九九五年　一七・四℃

私は、二〇〇三年のイギリス中央部の六月・七月・八月平均気温を調べてはいません。それは、明らかにそれ以前の数値よりずっと高かった（ほとんど二℃？）のです。

これら継続する事象の個別研究は重要性を欠くものではありません。まず、われらがイギリスのデータ系列は、一七世紀においては、温度計による測定が一六五九年から一七〇〇年までしかないので、「この一世紀」というにはかなり短いのは事実です。一七℃あるいはそれ以上の夏（六月・七月・八月）はひとつもありません。一八世紀には、一七八一年一例だけです。この年は、エルネスト・ラブルースが一時代を画した著作（『アンシャン・レジーム末期からフランス革命初期におけるフランスの経済危機』）で見事に研究した四年間、すなわち一七七八年、七九年、八〇年、八一年の四つの暑い夏の四重奏曲がフランスで引き起こした、ワインの生産過剰による危機で有名なリストの最後を飾りました。

一九世紀では、一八〇〇年から一八九九年の間で、イギリスで六月・七月・八月の平均気温が一七℃になったのは二夏（一八二六年一七・六℃、一八四六年一七・一℃）だけです。一八二六年は、夏が焼けるように暑い年で、充分な降水に恵まれたようで、太陽の陽射しをたっぷり浴びた豊作の年でした。それは、小麦が豊富にあり、パンの原料価格が低い時期で、シャルル一〇世の治世の輝かしいスタートでした。引き続く数年の間（一八二七年―一八三一年）に、事態はまもなく変わっていくのですが。

一八四六年は、乾燥した日照り焼けによって壊滅的な被害に見舞われた年で、飢饉が発生して、民衆の不満を生じ、革命前夜の様相でさえありました。

一九世紀後半には、いくつかの猛暑がありましたが、一七℃に達するような超猛暑は（イギリスでは）一度もありませんでした。これに引き替え、一九一一年以降は、超猛暑は文字通り頻発します。一九一一年から二〇〇三年の間、一世紀に満たない間に七回を数えます。

一九一一年、イギリスで六月・七月・八月の平均気温一七・〇℃。小麦の豊作、良質のワイン、児童のかなり高い死亡率。

それから、一九三三年、イギリスで六月・七月・八月の平均気温一七・〇℃。ブリューゲルが描いたような、小麦が豊作の超猛暑。

一九四七年、一七・〇℃。大災害ともいえる猛暑。これは、多くの小麦の種播き済みの畑と農作物を凍らせた、非常に厳しい冬の後に襲来しました。災害を引き起こす凍るような寒さに続いて、非常に乾燥していたせいで小麦の日照り焼けを起こした超猛暑がきたのです。したがって、フランスでは一八一六年以降で最も作柄の悪い、大変な小麦の不作となりましたが、反対に夏のたっぷりの陽射しでブドウがよく熟したので、素晴らしいワインができました。

一九七六年、一七・八℃。最高記録！　激しい干ばつ。草がなくなったので、牛はとうとう……土を食べるまでになりました。フランスでは、穀物の収穫も被害を受けました。児童の死亡はもはやありません、問題は解決されたようです。しかし全般的な死亡率は一時的に上昇(4)……そして一九七六年のワインは上質です。フランス、そしてドイツのモーゼルとラインでワインが上質。

一九八三年、一七・一℃。猛暑による死者……そしてボルドーの銘醸酒が上質。

一九九五年、一七・四℃。ブルゴーニュの赤ワインを除いて、フランス全域で銘醸酒の当り年。

二〇〇三年。有名な年。一九九五年より夏（六月・七月・八月）の平均気温が五℃高かったと思われる。フランスで高齢者の死者一万五〇〇〇人。フランスでは穀物植物その他の生産量が多少の被害。ブドウの木もついには被害を受けて、ワインの品質はときとして上質ですが、フランスの銘醸ワイン畑によってはばらつきがあります。

これらの指摘は、非常に暑い時期のいくつかは農業の分野で幸運であった（一八二六年、一九一一年、一九三三年）ということを示したにしても、やはり、超猛暑の「危険性」は最終的には確認された（二〇〇三年）ということを示そうとしているようです。特に印象的なのは、それが長期間続いたという点だと、繰り返しいっておきましょう。一世紀というには少々短いのですが（一六五九年―一六九九年）、一七世紀には超猛暑は知られていません。一八世紀にはこのタイプの長期の猛暑がたった一回（一七八一年、一七・〇℃）、一九世紀に二回（一八二六年と一八四六年、それぞれ一七・六℃、一七・一℃）、一八四七年から一九一〇年まで超猛暑は一回もなし、一九一〇年から二〇〇四年までの一世紀間に七回、すなわち一九一一年一七・〇℃、一九三三年一七・〇℃、一九四七年一七・〇℃、一九七六年一七・八℃、一九八三年一七・一℃、一九九五年一七・四℃。二〇〇三年には、これら二〇世紀と二一世紀のすべての数値は大幅に超えられました。したがって、一九一〇年以降の超猛暑は、その前の数世紀よりもずっと数が多いと同時に、一九一一年・一九三三年・一九四七年の三項式（そこでは一七・〇℃にとどまる）の記録を二〇世紀後半の四つの大猛暑、すなわち、超猛暑の指標である一七℃のラインを一挙に大幅に超えた、一九七六年、一九八三年、一九九五年、二〇〇三年の記録と比較してみれば、気温も上昇しているのです。

超猛暑の事件史はこうして、二〇世紀の夏の再温暖化についてリューテルバッヒャーが集めたデータを確認してくれます。しかし、過去も現在も、予測専門家たちにとっての正確さという点では、未来を保証するものではありません。

（1）これについては、フランス気象庁（トゥールーズ）の気候学者ダニエル・ルソーの研究業績を参照。
（2）F. Lebrun と J.-P. Goubert による。
（3）Pierre Alexandre, *Le Climat au Moyen Âge*, Paris, EHESS, 1987.
（4）全般的死亡率の短期的でわずかな上昇が、一九七六年に、ベルギー、デンマーク、フィンランド、アイルランド、ノルウェー、スウェーデン、イギリス、ポルトガルでみられました。

30　最近の再温暖化はブドウ栽培に好適ですか？

英仏の再温暖化は、しばしば気まぐれだったにもかかわらず、一八九三年、特に一九一一年から明確になりました。この再温暖化は、それ自体では、アプリオリに極めて目に見えやすい農業への影響を生じさせはしませんでした。しかし、一九〇二年と一九〇三年のブドウの木にとって困った気候学的状況に引き続いて、純粋に単なる可変性の枠内で、好適な数年が連続しました。それらは特に（一九世紀にネアブラムシ病によって引き起こされた被害の後の）、平均的に温暖な冬に恵まれた、しばしば乾燥した暑い年である一九〇四年、一九〇五年さらに一九〇六年です。平年より早い、ブルゴーニュ地方のブドウの収穫日は、この頃大変陽光に恵まれた三つの上質ワイン生産年があったことを確かに示しています。ブルゴーニュでは九月二二日と二五日にブドウの実を摘み取りました。暑い年は、ブドウの株をしっかりした木にして、しばしば翌年もたくさんのブドウの収穫をもたらします。一九〇四年から一九〇七年の四年間は、こうして、一ヘクタール当たりの多量の収穫量によって、非常に大量のワイン生産を経験しました。一九〇二年と一九〇三年は、たった二三ヘクトリットルと二一ヘクトリットル前後だったのが、一九〇四年から一九〇七年には、四〇ヘクトリットル、三四ヘクトリットル、三一ヘクトリットル、四〇ヘクトリットルになるのです。したがって、一九〇四年以降のフランスの総収穫量は膨大なものです。一九〇一年に五七〇〇万ヘクトリットル、一九〇二年にたった三九〇〇万ヘクトリットル、一九〇三年に三五〇〇万ヘクトリットルだったのが、一九〇四年に六〇〇〇万ヘクトリットル、一九〇五年に五七〇〇万ヘクトリットル、一九〇六年に五二〇〇万ヘクトリットル、一九〇七年には六六〇〇万ヘクトリットルになりました。同年には、オーストリア、ブルガリア、ギリシャ、ハンガリー、ポルトガル、イタリア、スペイン、スイス、そしてクロアチアでも生産過剰となりました。三つの大生産国（フランス、スペイン、イタリア）では、ワイン生産量はそれぞれ、一九〇四年に、九六％、四八％、一六％増加しました。この現象は、非常な好日照と、多すぎもしない適度な降水のせいで、一九〇五年と一九〇六年の二年間に拡大しました。物価は、特にワイン生産地の南フランスではこの飲み物の生産過剰の影響で、暴落しました。それは、一九〇七年の南仏における不満を抱くブドウ栽培者たちの大デモの原因です。

ブドウ栽培者たちは、良心のかけらもない偽造業者が造った、多かれ少なかれ人造ワインと、アルジェリアからの輸入ワインが、経済危機の原因だと考えていました。実際は、ワイン価格の暴落は本質的に、自然な生産過剰と経済情勢による過剰のせいであって、そうした付随的要因のせいでは少しもなかったのです。暴動が勃発しました。今度は気象・政治運動です。一九〇七年二月、ピレネー・オリエンタル地方のある小さな村のブドウ栽培者たちが税金ストを決議しました。四月には、運動はナルボンヌ地方のブドウ栽培の村々に広がり、ブドウ栽培者たちは、都市で集会やデモ……を繰り広げました。六月には、運動は巨大な規模（モンペリエでは五〇万人以上のデモ参加者）になり、ブドウ液への加糖（砂糖の添加）と加水による増量が引き起こしたほとんど純粋に人為的な生産過剰によるものと主張して、ワイン価格の下落に抗議しました。六月二一日、ナルボンヌで、ブドウ栽培者の子息からの徴集兵で編成された第一七歩兵連隊で不服従行為が起き、怒れる「民衆」と融和しました。リーダーが現れます。マルスラン・アルベールとナルボンヌの社会党市長フェルール博士です。内務省政務次官は辞職します。フェルールは逮捕され、デモ参加者が何人か殺され、ナルボンヌの県庁舎は荒らされます。結局反乱兵たちは降伏し、後にチュニジアに送られます。六月二三日、マルスラン・アルベールはパリに赴き、クレマンソー大統領に迎えられます。「タイガー〔クレマンソー大統領の異名〕」は、ブドウ栽培業者のリーダーに帰りの切符代を支払うことによって、リーダーの信用を失わせます。これ以降当局は、不正行為、ブドウ液への加糖すなわちアルコール度数を上げるためのワインへの砂糖の添加、と戦うことになります。一九〇七年六月の法律は、これらの行為の実行に対する戦いの基礎を作ります。ブドウ栽培者総同盟（CGV）が創立されます。それはまた、二〇世紀全体を通じて活発な、オック地方主義的でしばしば左翼的な地域の、自覚の始まりでもありました。

一九〇四年から一九〇七年。一時的な再温暖化は、ブドウの木に好刺激を与え、ワインの生産量を増大させて、この飲料の販売価格を下げて生産者の怒りを引き出したのです。

以上のように、検討課題として取り上げた再温暖化の促進作用は、一般的に、量的〔ワインの過剰〕であると同時に質的なものであることが明らかになりました。実際近年では、『気候変化』という雑誌〔一九〇五年一二月〕が、G・ジョーンズ〔アメリカの気候学者〕の権威ある署名のもとに、気候の世界的再温暖化は特に一九七八年以降、オーストラリア、チリ、カリフォルニア、ボルドー、ブルゴーニュ、シャンパーニュの有名なブドウ生産地方や地域のほとんどで、（ブドウ栽培者たちの優れた技術力のせいでもありますが）ワインの品質が著しく向上するという形で表れたことを示しました。

実際、歴史的には、付随的な論証ですが、一八一一年、一九二一年、一九四七年、一九五九年、一九七六年といった、まことに素晴らしい銘醸酒の例外的な生産年は、必要とあらば、ブドウの木とその果実が、これら列挙した猛暑の年の夏の肯定的で強烈な暑さを享受したということを証明しうるのです。反対に、良質品がほとんどない、ワインの出来がよくない年（一九一〇年、一九五六年、一九六三年、一九六八年）は、ブドウ畑やブドウの実に大きな被害を与える多量の涼気と雨によって他に抜きん出ていました。

以上述べてきましたが、再温暖化という点で、過度に高温という境界線は二〇〇三年に超えられたのでしょうか。二〇〇三年は、本当に、過度に暑くて乾燥しすぎで、時には上質な「ブドウジュース」生産に不適当な年だったのでしょうか。今回、最適条件は、ブドウの木と房に過度のやけどを負わせることによって破られたのでしょうか。

31　ブドウの収穫日は気候の指標でしょうか？

ブドウの収穫日は「アングロサクソンの」科学者たちが代用データと呼ぶものです。それは、春・夏の気温についての、よりよい理解にわれわれを導いてくれる指標です。おおざっぱにいって、高気温イコール早期熟成で、冷涼イコールブドウの実の収穫の遅延です。ブドウの木を換えなければ、ブドウの収穫日と、三月から九月までの気温との相関関係は、〇・六[1]もしくはそれ以上になり得ます。ブドウの木を換えた場合は、相関関係は減少します。相関関係はまだありますが、〇・四に落ちる可能性があります。それでもブドウの収穫日は、二つの理由で貴重です。まず、極端に暑いとか極端に冷涼といった、極端な場合をよりよく知るために。これはブドウ園がどこであっても（フランス、西ドイツ、スイス）かまいません。こうして、一八四六年は、間違いなく焼けるように暑く、そしてブドウは早熟でした。反対に、ブドウの収穫が殊の外遅かった（一〇月の後半）ことがわかっている一八一六年は、夏のなかった年（タンボラ火山！）に対応します。次に、ブドウの収穫日が年ごとにジグザグを描いている場合は、気候指標として貴重です。こうして、比較のために温度計を使える一七八八年と一七九四年には、ブドウの収穫は本当に早く、暑い月の指標となりました。

温度計による指標をまだ利用できなかった一六五九年以前については、ブドウの収穫日は、早熟あるいは晩成の極端な数値になるときは、それぞれの場合に応じて、厳しい暑さの春夏か、あるいは逆に冷涼な春夏かを推測させる指標になります。ブドウの収穫日は、たとえば、英仏の初期の温度計計測データ系列時代に話を戻すと、西ヨーロッパにおいて今日までで最も寒かった一〇年間である、一六九〇年代の冷涼さの状況を明らかにしてくれます。さらに、温度計出現以前では、（ブドウの収穫日が遅かった）一五九〇年代は、雪の多い冬と冷涼多雨な夏によって形成されたアルプス氷河の最大伸長と一致しています。もっと長い期間についても、ブドウの収穫日はやはり有用です。シャトー・ヌフ・デュ・パップでは、一九五〇年から二〇〇〇年までの間、ブドウの収穫がだんだん早くなっています。みごとに平行した二つの傾斜カーブがあります。次第に早くなるブドウの収穫カーブと地球温暖化にともなう夏の再温暖化のカーブです（B・スガン）。アルプス氷河の伸長の引き金を引いた、一五六〇年から一六〇〇年の大寒冷化についても同様のことがいえます。この四〇年の間、ブドウの収穫は全般的に遅かったのです。

しかし、人為的な要因も介入してきます。一六五〇年から一七四〇年の間、一八世紀前半の気候はそれ以前より寒くも涼しくもなく、むしろその反対であるにもかかわらず、ブドウの収穫は次第に遅くなります。実際は、わずかに再温暖化する傾向にありさえありました。ブドウの収穫のこの特殊な遅延はブドウ栽培者たちのせいでした。彼らは、消費者の要求、特に貴族階級やパリのエリートたちの要求に応えるために、よりよいワインを提供しようとしたのです。販売のために、より長期の熟成、したがってブドウ果実中の糖の量が増えることによって、より多くのアルコールを得ようとする者もいたのです。それから蒸留です。こうした理由でより遅い収穫が必要だったのです。ここには、ブドウ収穫学的日付の気象的意味についての不確定さの要素があります。これは、歴史分野の考察、あるいはブドウの花の開花日――しかしこの日は、一七世紀には体系的に記録されていません！――のような他の代理データによってやわらげるか修正できる不確実さです。ようするに、ブドウの収穫日は、短期と中期についてはよい気象データですが、長期についての扱いがよりデリケートです。ブドウの収穫日よりも、気象を知るためには、しばしば提供されることの少ない樹木の年輪についても、同様のことがいえるでしょう。ブドウの収穫は、一三七〇年から利用できる人文科学における唯一の「気象代理データ」です。七世紀間にわたる、欠落のないブドウの収穫日のデータがあるのです。ディジョンブドウ栽培国際シンポジウム（二〇〇七年二月）は、各年の三月から九月の期間の暑さの多少の指標としてのブドウの収穫日の有効性を完全に確認しました。たとえば、小麦の収穫日を研究することもできます。ブドウと同じように、それは（三月から七月の）暑さの多少に依存しています（E・ガルニエ）が、それだけにというわけではありません。北イタリアの小麦収穫日の立派なデータ系列があり、イベリア半島とポー平野の優れた生物季節学者であるM・ルカ・ボナルディが研究しているはずです。

（1）ヴァレリー・ドーによって作成された相関関係。

32 ヨーロッパおよび世界における二〇〇七年夏の非常に対照のはっきりした気象状況は、歴史上例のないものですか？

その質問に決定的な回答を出すことは困難です。イギリスにおける温度計による観測データ系列が始まる一六五九年以前には、完全に信頼できる観測データ系列がないのですから。しかし、二〇〇七年夏についての、ヨーロッパの様々な気象状況の明確な対比には驚かざるをえません。

北ヨーロッパと西ヨーロッパ（特にイギリス）は、七月に、災害を引き起こす悪天候に見舞われる一方、中央ヨーロッパと南ヨーロッパ（ハンガリー、ルーマニア、バルカン地域、ギリシャ）は、死者を出す猛暑と、これもまた死者が出る火災の被害を受けました。八月末にギリシャ、特にペロポネソス半島が経験したかつてない大火災の波は、一部は放火が原因ですが、炎は間違いなく暑い乾燥好条件を得て、焼けるような風によって勢いを増しました。どちらとも、人間に対する影響は甚大でした。イギリスは七月に、過去六〇年間で最悪の洪水をいくつかと史上最高の降水記録を経験しました。ルーマニアでも、六月の熱波に続く二度目の熱波に襲われた七月に、三〇人以上の猛暑による死者を出しました。ギリシャでは八月に六〇人以上の死者が出ました。ハンガリー中央部では、平年夏の平均より三〇%の死亡率上昇を記録しました。

農業にもたらしたマイナスの結果は、どちらの場合でも甚大でした。ルーマニアの農民は、養うための草がないので家畜を売らざるをえませんでした。ギリシャでは多くのオリーブ畑が火事でだめになりました。温暖な西ヨーロッパでは、小麦、大麦、亜麻、それにジャガイモとトマトもしばしば立ち腐れました。したがって、小麦はさび病とフザリウム属凋枯症に襲われました（オルレアン、ノルマンディー）。すごしやすい気温と絶え間なく降り続く雨のせいでベト病が発生して、「本場で」多かれ少なかれジャガイモの収穫をだめにしました（アルザス、フランス東部）。植物病虫害防除処理をしなければなりませんでした。北アルプス（サヴォワ、ドーフィネ）では、二〇〇七年五月・六月・七月の非常に強い雨のせいで、まぐさの刈り入れ、取り入れ、乾燥が危うくなって、乳牛の飼料供給に支障をきたしました。穀物の収穫は、全般的に質量共に平年以下でした。こうした生産低下は、ウクライナとオーストラリアでは歴史的な干ばつのせいで深刻化しました。世界の穀物備蓄量は二〇〇四年以降最低となり、価格が上昇しました。アジアの国々（中国、インド）が、食習慣を変えて、小麦の消費国になったからです。反対に、非常に暖かい冬と特別日照のよい春のせいで、フランスのブドウの収穫は、一四世紀以降で最も早い部類でした。ワイン生産量は、主に夏の雨という好条件で発生したベト病のせいで、低いと予想されていました。しかし、いくつかの指数は上品質の年であったことを推測させます（誤りでしょうか？）。

いくつかの点で、ヨーロッパ北部と西部における二〇〇七年の夏は、過去にあった有害な夏を想起させます。記憶にとどめられている飢饉を引き起こした一三一四年―一三一五年の夏と一六九二年―一六九三年の夏、さらには、一七七五年春の小麦粉戦争の先駆けとなった、過度に雨が降って穀物に有害だった一七七四年の夏です。たしかに私たちの気候下では、コンバインが小麦がだめになる前に収穫することを可能にしたので、飢饉は現代ではもはや問題にならなくなりました。休暇中のパリの人々が愚かにも、彼らの元気回復の睡眠を途中で遮る夜のモーター騒音に文句をいっている間に、巨大な機械は何匹かの狐を飲み込む危険を冒すだけです（M・ティボーとM・ボカージュによる）。それからサイロが、収穫され、人工的に乾燥された小麦粒を乾燥状態で保存してくれます。しかし、私たちが、祖先たちのように、単なる気候の変調のひとつとして経験しているものは、おそらく現代では、部分的には温室効果のせいなのでしょう。

なぜなら、世界規模で、二〇〇七年は気候問題と重大な何らかの変調の年となることでしょう。ラテンアメリカと南アフリカで雪が降る厳しい冬でした。ウルグアイ(五月)、アフリカ(六月、スーダンでナイル川が最大増水)、アジア(インド、パキスタン、バングラデシュでモンスーンによる大災害)、北アメリカ(八月、ニューヨーク、ミネソタ、オクラホマ、テキサス、オハイオ、ウィスコンシン)で洪水が発生しました。オーストラリアで、二〇〇六年以来続いている大干ばつが継続しています。大被害を引き起こすサイクロンについては語りません(特に、六月にペルシャ湾で、次いで八月にマルチニック[バナナが大被害]、グアドゥループ、ジャマイカ、メキシコで「ディーン」が)。二〇〇七年については、世界気象機関が、年の初めから非常に高温で極端な気候状況であるとの報告書を出していました。もちろん、前述した様々な災害のうち、そのいくつかは正常の範囲内あるいは古典的気候の型どおりの範疇に属します。しかし、それらが集中したことは……世界気象機関の優れた能力を持つ専門家を含めて、よく考察しなければなりません。

簡略な文献紹介

完璧な参考文献目録については、エマニュエル・ル＝ロワ＝ラデュリ著の三巻本、*Histoire humaine et comparée du climat* (HHCC), volume 1, *Canicules et glaciers, XIIIe-XVIIIe siècle*, volume 2, *Disettes et révolutions, 1740-1860*, volume 3, *Le réchauffement de 1860 à nos jours*, Fayard, 2004, 2006 et 2009 を参照してください。また、本書中の注もあわせてご参照ください。

さらに、基本的な参考文献をいくつか、以下に挙げておきます。

- E. Bard, *L'Homme face au climat*, Odile Jacob, 2006
- G. Jacques et H. Le Treut, *Le Changement climatique*, éd. Unesco, 2004
- J. Jouzel, *Climat : jeu dangereux*, Dunod, 2004
- B. Francou et C. Vincent, *Les Glaciers à l'épreuve du climat*, Berlin, 2007（基本文献）
- Guillaume Séchet, *Quel temps ! Chronique de la météo de 1900 à nos jours*, Hermé, 2004

訳者あとがき

本書は、Emmanuel Le Roy Ladurie, Entretiens avec Anouchka Vasak, *Abrégé d'histoire du climat du Moyen Âge à nos jours*, Fayard, 2007 の全訳である。この本の成り立ちおよび著者については、編集部序に記されている。著者名に Entretiens avec Anouchka Vasak（アヌーチカ・ヴァサックとの対話）と付記されているが、実態は対話あるいは対談といえるものではなく、各章の見出しとなっている問い以外は、エマニュエル・ル＝ロワ＝ラデュリの独擅場であり、インタビューの形をとった彼の著書といえる。

著者エマニュエル・ル＝ロワ＝ラデュリについて少々補足しておくと、彼は『アナール』派第三世代に属する著名な歴史学者で、フランス南部地方の農村の歴史についての著書を中心に多くの著作があり、主要なものは日本でも翻訳出版されている。それら農村についての著書の翻訳書のうち主なものを挙げれば、『モンタイユー――ピレネーの村　一二九四年――一三二四年』（*Montaillou, village occitan, de 1294 à 1324*, 1975. 井上幸治・渡邊昌美・波木居純一訳、刀水書房、一九九〇年）、『南仏ロマンの謝肉祭――叛乱の想像力』（*Le Carnaval de Romans*, 1979. 蔵持不三也訳、新評論、二〇〇二年）である。

さて、本書の内容だが、これはル＝ロワ＝ラデュリの著書の多くを占める農村の歴史とは趣を異にしている。ル＝ロワ＝ラデュリは、気候の歴史についての著作を二つ出している。彼の研究活動の初期、一九六七年に、彼の二冊目の本として出版された *Histoire du climat depuis l'an mil*（邦訳『気候の歴史』、稲垣文雄訳、藤原書店、二〇〇〇年）と、それから約四〇年を経た二〇〇四年、二〇〇六年、二〇〇九年にかけて出版された三巻本 *Histoire humaine et comparée du climat. Canicules et glaciers (XIIIe-XVIIIe siècle)*, Fayard, 2004、*Histoire humaine et comparée du climat II. Disettes et révolutions (1740-1860)*, Fayard, 2006、*Histoire humaine et comparée du climat III. Le Réchauffement de 1860 à nos jours*, Fayard, 2009（この三巻本は、『人間にとっての気候の歴史』〔全三巻〕として藤原書店より翻訳出版の予定）である。彼の最初の「気候の歴史」書は、気候変動の歴史を、人間生活との関連の視点からではなく、自然現象として科学的に考究する姿勢を標榜するものであった。それは、気候学、気象学、地理学、地質学、氷河学、年輪年代学、生物気候学、古文書学等関連諸学の方法論と成果のうえに成り立つ、学際的な、自然科学と人文科学との融合を目指す企てであった。それに対して、それから約四〇年の研究活動を経た後に出版された、第二の「気候の歴史」書三巻本は、前著とは姿勢を大転換して、気候変動を人間活動との関係から比較対照の視点で歴史的に叙述したものである。そこでは、一三世紀から一九世紀にわたって、気候が人間社会におよぼした影響を示す様々な事象が精緻に叙述、考察されている。二〇〇七年出版の本書、『気候と人間の歴史・入門』は、これら二つの「気候の歴史」書に結晶した、「アナール派の歴史学者ル＝ロワ＝ラデュリの気候の歴史学」全体の「概説」である。そこでは、気候の歴史学の発生、研究の方法論から始まって、気候は人間の生活、社会にどのようにして影響をおよぼしていくのかといったことが、様々な歴史事象を通じて考察されている。これら考察により読者は、温暖化あるいは寒冷化は、一様にその歩を進めるのではなく、ときに逆行現象をも交えながら多様に進展してゆくのだということを理解するであろう。そして、こうした気候の歴史は、現在われわれが直面している気候的諸問題に対処するにあたって、有益な示唆を与えてくれるのではないだろうか。

本書は、表題が示すように、気候の歴史学の「概説」である。本書によって全体像を理解したうえで、さらに具体的な「詳説」に接したい場合は、『気候の歴史』と『人間にとっての気候の歴史』(全三巻)を参照されたい。

最後に、本書初めの口絵、氷河地図および年表は原書にはなく、訳書において付け加えたものであることをお断りしておく。

二〇〇九年五月

訳　者

第Ⅲ巻　1860年から現在までの再温暖化

ヨーロッパの気候は，過去に数々の温暖な期間を経験し，次いで1300年から1860年の間，現在の気候よりやや気温が低い小氷期に支配された．その後，気候はまた次第に温暖となり，アルプス氷河は1世紀にわたって後退を続け，1911年以降，明確に再温暖化の様相を帯びるようになってきた．

エマニュエル・ル＝ロワ＝ラデュリは，この『人間にとっての気候の歴史』の最終巻で，マスメディアの報道が長期にわたる時間の流れのなかに充分に位置づけることなしに取り上げている，こうした再温暖化相を考察している．彼は，状況を描出するために，温度計観測データや雨量計観測データのみならず，穀物やブドウの収穫，家畜飼育，そして観光旅行に関するあらゆる情報を使用している．これらは，現に進行中の気候変化の規模とテンポを明らかにしてくれる．いくつもの大陸にまたがるこうした広域歴史について，人心を安んじるような見通しは立っていない．1980年以降確認された急激な再温暖化は，遠からず，極めて困難な諸問題を人類に突きつけるかもしれない…….しかし，それはまた，他のもうひとつの歴史である．

■第Ⅲ巻目次

■第Ⅱ巻目次

第Ⅱ巻　食糧不足と革命（1750年から1850年まで）

農業技術が進歩し，輸送手段が整備されるにつれて，（1300年以来ヨーロッパが被っていた）小氷期の影響は，近代初期の数世紀間ほど情け容赦のないものではなくなってきた．たしかに，飢饉は突然消滅したわけではないが——アイルランドは1840年代になっても飢饉を経験している——，もはや以前ほどの規模で気候に起因する——したがって疫病による——大量の死者が発生することはない．

それでも，古典的な食糧不足や潜在的食糧不足は，人々の生活に影響を及ぼし続けている．寒さが厳しかったり湿潤な冬，多雨な春，猛暑の夏（小麦の「日照り焼け」）あるいは反対に多雨で作物を腐らせる夏，そして地球の反対側の火山の噴火（インドネシアのタンボラ山，1815年）にいたるまでが，崩れやすい均衡をたやすく危険にさらすのである．穀物が少し不足すれば，その価格の高騰が騒擾を引き起こす．真偽はともかく，権力者たちは状況を利用して私腹を肥やしている，食糧を買い占めている，食糧不足を仕組んでいると非難される．そうして，民衆の反発が生じる．このような確固たる関係があったと確認するまでもなく，1788年の不作が1789年〔フランス革命勃発の年〕の諸事件の引き金を引くに関わりがあり，総裁政府時代と帝政期（1810年まで）における市民に対する穀物廉価供給という晴れ間の期間は，気候が比較的穏やかであった期間に対応することは明らかである．さらには，「栄光の3日間〔1830年の七月革命の7月27，28，29日の3日間〕」は1827年から1832年までの困難な年に囲まれているようであり，1845年から1846年の気候悪化と食糧不足の急激な高まりは，1848年2月から5月にかけてパリ，ベルリン，ウィーンで相次いで起きた革命に結びつけられることも明白である．

1860年から，さらに1900年からなお一層，ヨーロッパの気候は再び温暖化した．アルプス氷河の後退と，あちこちで記録された計測機器によるデータがこのことを，より精確かつ明確に示している．さらに，蒸気船や鉄道が，アメリカ大陸とロシアの穀物を輸入することを可能にした．西洋の人々は，気候のリスクへの千年にわたる従属から解放されたのである．こうして，何という名でそれを呼んだらよいかまだわからないが，相変わらず不確実性に満ちた，それまでとは別の「気象—歴史関係」（それが第Ⅲ巻の主題となるであろう）が出現した．

礎データ」であり，人間が自己の，自立的な生活を書き付ける布地の横糸であるとさえみえる．

情況を彷彿とさせる，それ自体非常に興味深い細部描写に富み，ヨーロッパ規模のスケールで5世紀以上におよぶ長期間にわたって記述された，このエマニュエル・ル＝ロワ＝ラデュリの膨大な著作は，ものごとを再配置する．ブローデル的息吹とともに，ル＝ロワ＝ラデュリは，日々のうたかたのような出来事や大きな時代のうねりを正しく位置づける．彼は，これまでと違うしかたで歴史を読むよう私たちを誘《いざな》う．そうして私たちの知的活力を高めてくれる．

■第Ⅰ巻目次

〔附〕
『人間にとっての気候の歴史』（全 3 巻）内容紹介

本書読者への便宜のため，2004 年から 2009 年にかけて刊行されたル＝ロワ＝ラデュリの『人間にとっての気候の歴史』（全 3 巻）の内容概略（原書裏表紙より），目次を紹介する．（訳者）

第Ⅰ巻　猛暑と氷河（13 世紀から 18 世紀）

仮に忘れようとしたとしても，2003 年の夏は強烈な力で私たちに思い出させようとしにきたことだろう．気候は，天変地異，戦争そして伝染病（これらの現象のいくつかと，その当時の天候との間に絶えざる相互作用をみいださないことはまれである）と同様あるいはそれ以上の強い作用を，人間の生活に及ぼすものである．

18 世紀末までのわが国のような農作物依存型社会においては，再温暖化や寒冷化，降水過剰もしくは降水不足は，作物の収穫（特に小麦），ブドウの収穫，家畜の状態，赤痢の発生の有無に直接的影響を与えた．さらに，陰鬱な気候傾向が――12 世紀から 18 世紀の間は「小氷期」すなわち再寒冷化が観測される――ごくわずかな気温差で循環的に持続した．樹木の年輪や人間の証言によってもたらされた情報と同じく，いくつかの氷河の長年にわたる規模の変化は，気候は時計のようには推移しないということを示している．すなわち，冬が厳しかった年が猛暑の夏を迎えることもあれば，同様の年が，数ヶ月あるいは全季節を通じて壊滅的多雨を経験することもある．また，厳寒の月が何ヶ月も続いたからといって必ずしも悲惨な収穫になるとはかぎらず，乾燥した焼けるような夏が――13 世紀以来数十のこうした夏がみられた――うち続く湿潤ほどの被害をもたらさないということもある．

（地政学，政治，戦争に起因する）様々な歴史上の激発と技術革新を有する全般的歴史に結びつけられて，気候現象は「歴史」のこの上もない「基

著者紹介

エマニュエル・ル＝ロワ＝ラデュリ（Emmanuel Le Roy Ladurie）
1929年生まれ．アナール派の代表的な歴史学者．名門のリセ，アンリ四世校をおえたのち，高等師範学校に進んで歴史学を学ぶ．1955年南フランスのモンペリエ大学に赴任し，近世，近代フランス史を研究，講義．1973年，コレージュ・ド・フランスに迎えられ，現在，同名誉教授，フランス学士院会員．主要著書に『ジャスミンの魔女——南フランスの女性と呪術』（邦訳新評論），『新しい歴史——歴史人類学への道』『気候の歴史』（ともに邦訳藤原書店），『モンタイユー——ピレネーの村』（邦訳刀水書房），『ラングドックの歴史』（邦訳白水社）など．

訳者紹介

稲垣文雄（いながき・ふみお）

1949年東京生まれ．1974年東京外国語大学外国語学部フランス語学科卒業．1977年東京教育大学大学院文学研究科修士課程修了．1982年パリ第八大学博士課程満期退学．現在，長岡技術科学大学語学センター教授．

訳書にル＝ロワ＝ラデュリ『気候の歴史』（藤原書店，2000年）『EC市場統合』（共訳，白水社，1992年）ほか．

気候《きこう》と人間《にんげん》の歴史《れきし》・入門《にゅうもん》――中世《ちゅうせい》から現代《げんだい》まで

2009年9月30日　初版第1刷発行 ©

訳　者　稲垣文雄

発行者　藤原良雄

発行所　株式会社　藤原書店

〒162-0041　東京都新宿区早稲田鶴巻町523

電　話　03（5272）0301

FAX　03（5272）0450

振　替　00160-4-17013

info@fujiwara-shoten.co.jp

印刷・製本　図書印刷

落丁本・乱丁本はお取替えいたします

定価はカバーに表示してあります

Printed in Japan

ISBN978-4-89434-699-4

名著『地中海』の姉妹版

地中海の記憶

（先史時代と古代）

F・ブローデル

尾河直哉訳

ブローデルの見た「地中海の起源」とは何か。「長期持続」と「地理」の歴史家が、千年単位の文明の揺動に目を凝らし、地中海の古代史を大胆に描く。一九六九年に脱稿しながら原出版社の事情で三十年間眠っていた幻の書、待望の完訳。

Ａ５上製　四九六頁　**カラー口絵二四頁**　**五六〇〇円**
（二〇〇八年一月刊）
◇978-4-89434-607-9

LES MÉMOIRES DE LA MÉDITERRANÉE
Fernand BRAUDEL

史上最高の歴史家、初の本格的伝記

ブローデル伝

P・デックス

浜名優美訳

歴史学を革命し人文社会科学の総合をなしとげた史上初の著作『地中海』の著者の、知られざる人生の全貌を初めて活写する待望の決定版伝記。

［付］決定版ブローデル年表、ブローデル夫人の寄稿、著作一覧、人名・書名索引

Ａ５上製　七二〇頁　**八八〇〇円**
（二〇〇三年二月刊）
◇978-4-89434-322-1

BRAUDEL
Pierre DAIX

ブローデル史学のエッセンス

入門・ブローデル

I・ウォーラーステイン

P・ブローデル他

浜名優美監修　尾河直哉訳

長期持続と全体史、『地中海』誕生の秘密、ブローデルとマルクス、ブローデルと資本主義、人文社会科学の総合化、その人生……。不世出の全体史家の問題系のエッセンスをコンパクトに呈示する待望の入門書！

［付］ブローデル小伝（浜名優美）

四六変上製　二五六頁　**二四〇〇円**
（二〇〇三年三月刊）
◇978-4-89434-328-3

PRIMERAS JORNADAS BRAUDELIANAS

五十人の識者による多面的読解

『地中海』を読む

I・ウォーラーステイン、P・ブルデュー、網野善彦、川勝平太、川田順造、榊原英資、山内昌之ほか

各分野の第一線でいま活躍する五十人の多彩な執筆陣が、二十世紀最高の歴史書『地中海』の魅力を余すところなく浮き彫りにする。アカデミズムにとどまらず、各界の「現場」で新時代を切り開くための知恵に満ちた、『地中海』の全体像が見渡せる待望の一書。

Ａ５並製　二四〇頁　**二八〇〇円**
（一九九九年一二月刊）
◇978-4-89434-159-3

「感性の歴史家」の新領野

風景と人間

A・コルバン

小倉孝誠訳

歴史の中で変容する「風景」を発見する初の風景の歴史学。詩や絵画などの美的判断、気象・風土・地理・季節の解釈、自然保護という価値観、移動速度や旅行の流行様式の影響などの視点から「風景のなかの人間」を検証。

四六変上製　二〇〇頁　**二二〇〇円**
（二〇〇二年六月刊）
◇978-4-89434-289-7

L'HOMME DANS LE PAYSAGE
Alain CORBIN

五感を対象とする稀有な歴史家の最新作

空と海

A・コルバン

小倉孝誠訳

「歴史の対象を発見することは、詩的な手法に属する」。十八世紀末から西欧で、人々の天候の感じ取り方に変化が生じ、浜辺への欲望が高まりを見せたのは偶然ではない。現代に続くこれら風景の変化は、視覚だけでなく聴覚、嗅覚、触覚など、人々の身体と欲望そのものの変化と密接に連動していた。

四六変上製　二〇八頁　**二二〇〇円**
（二〇〇七年二月刊）
◇978-4-89434-560-7

LE CIEL ET LA MER
Alain CORBIN

現代人の性愛の根源

世界で一番美しい愛の歴史

ル＝ゴフ／コルバンほか

小倉孝誠・後平隆・後平澪子訳

九人の気鋭の歴史家と作家が、各時代の多様な資料を読み解き、初めて明かす人々の恋愛関係・夫婦関係・性風俗の赤裸々な実態。人類誕生以来の歴史から、現代人の性愛の根源に迫る。

四六上製　二七二頁　**二八〇〇円**
（二〇〇四年一二月刊）
◇978-4-89434-425-9

LA PLUS BELLE HISTOIRE DE L'AMOUR

コルバン絶賛の書

涙の歴史

A・ヴァンサン＝ビュフォー

持田明子訳

ミシュレ、コルバンに続き感性の歴史学に挑む気鋭の著者が、厖大なテキストを渉猟し、流転する涙のレトリックと、そのコミュニケーションの論理を活写する。近代的感性の誕生を、こころとからだの間としての涙の歴史から描く、コルバン、ペロー絶賛の書。

四六上製　四三二頁　**四二七二円**
（一九九四年七月刊）
◇978-4-938661-96-0

HISTOIRE DES LARMES
Anne VINCENT-BUFFAULT

全体を俯瞰する百年物語

「アナール」とは何か

（進化しつづける「アナール」の一〇〇年）

I・フランドロワ編
尾河直哉訳

十三人の巨匠の「肉声」で綴る世界初の画期的企画、日仏協力で実現。アナールの歴史をその方法論から捉え直す。

グベール、ショーニュ、フェロー、ル＝ゴフ、ル＝ロワ＝ラデュリ、コルバン、シャルチエ、ペーテル、バルデ、ラコスト、ベルセ、フォワジル、ファルジュ

四六上製　三六八頁　三三〇〇円
（二〇〇三年六月刊）
◇978-4-89434-345-0

待望久しい増補改訂された新版

新版 新しい世界史

（世界で子供たちに歴史はどう語られているか）

M・フェロー　大野一道訳

世界各国の「歴史教科書」の争点。南アフリカ、インド、イラン、トルコ、ソ連、アルメニア、ポーランド、中国、日本、合衆国、オーストラリア、メキシコ他。【新版特別解説】勝俣誠（アフリカ史）佐藤信夫（アルメニア史）

A5並製　五二八頁　三八〇〇円
（二〇〇一年五月刊）
◇978-4-89434-232-3

COMMENT ON RACONTE L'HISTOIRE AUX ENFANTS À TRAVER LE MONDE ENTIER
Marc FERRO

アナール派、古典中の古典

FS版 新しい歴史

（歴史人類学への道）

E・ル＝ロワ＝ラデュリ
樺山紘一・木下賢一・相良匡俊・中原嘉子・福井憲彦訳

【新版特別解説】黒田日出男

『新しい歴史』を左手にもち、右脇にかの講談社版『日本の歴史』を積み上げているわたしは、両者を読み比べてみて、たった一冊の『新しい歴史』に軍配をあげたい気分である。」（黒田氏）

B6変並製　三三六頁　二〇〇〇円
（一九九一年九月／二〇〇二年一月刊）
◇978-4-89434-265-1

LE TERRITOIRE DE L'HISTORIEN
Emmanuel LE ROY LADURIE

自然科学・人文科学の統合

気候の歴史

E・ル＝ロワ＝ラデュリ
稲垣文雄訳

ブローデルが称えた伝説的名著、ついに完訳なる。諸学の専門化・細分化が進むなか、知の総合の企てに挑戦した野心的な大著。気候学・気象学・地理学をはじめとする関連自然科学諸分野の成果と、歴史家の独擅場たる古文書データを総合した初の学際的な気候の歴史。

A5上製　五一二頁　八八〇〇円
（二〇〇〇年六月刊）
◇978-4-89434-181-4

HISTOIRE DU CLIMAT DEPUIS L'AN MIL
Emmanuel LE ROY LADURIE